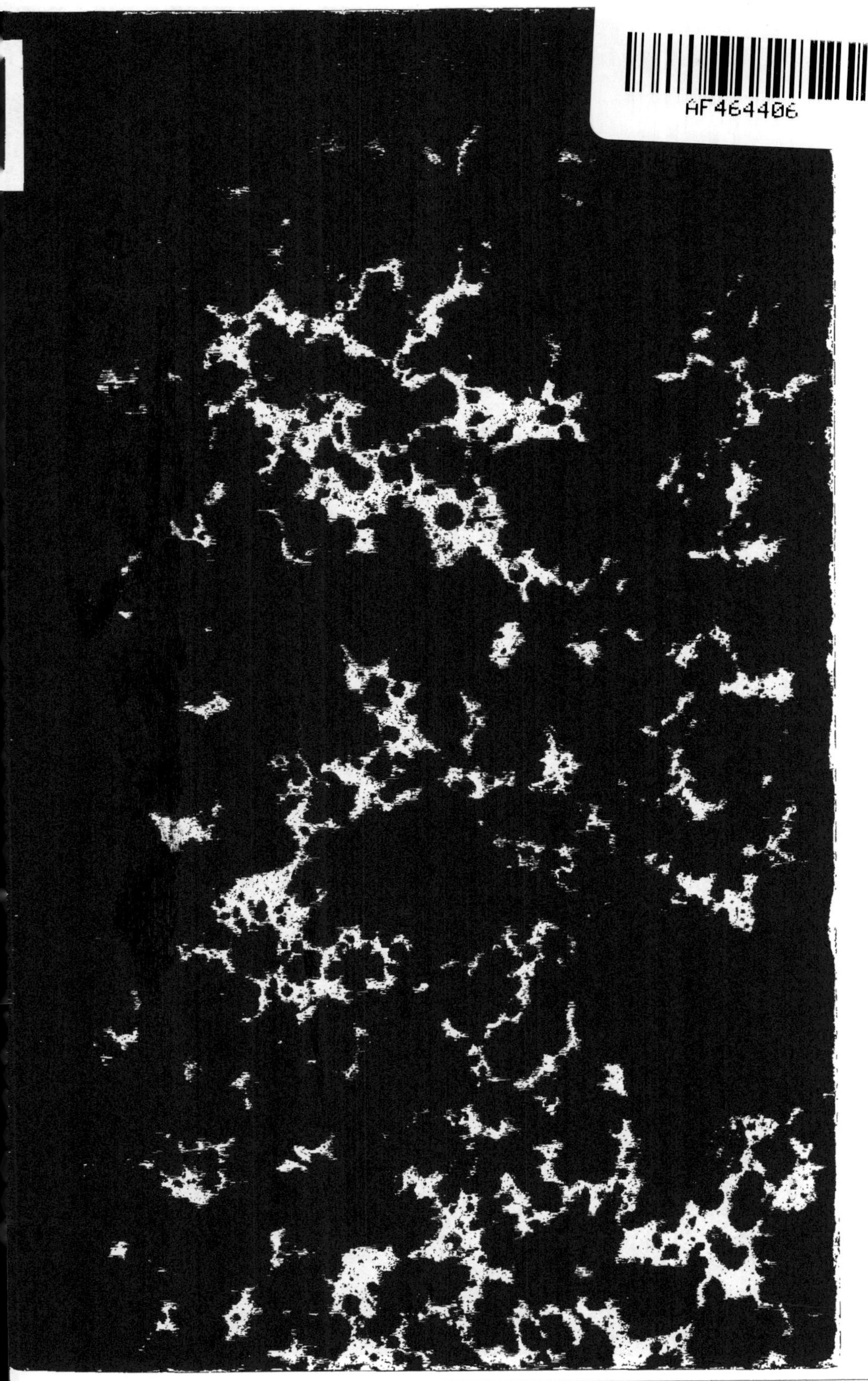

LE CHIEN PRIMITIF.

LE
CHIEN PRIMITIF,

APERÇUS NOUVEAUX

SUR

L'ORIGINE DU CULTE DES ANIMAUX,

DU LANGAGE,

DU POUVOIR REPRÉSENTATIF ET DE LA MUSIQUE.

PAR M***

Il faut rendre à ROZWALL
ce qui est à ROZWALL.

NANTES,

IMPRIMERIE DE VINCENT FOREST,

QUAI DE LA FOSSE, N° 2.

1846.

PROLOGUE.

Chacun a sa manie; celle de notre siècle est d'exhumer les vieilles choses.

Antiquaire aussi, j'aime à rechercher l'origine des vieux noms; c'est ma spécialité.

On va voir que cette étude mène quelquefois beaucoup plus loin qu'on ne pense, et qu'elle n'est pas dépourvue d'intérêt ni d'utilité.

J'y ai puisé la preuve que l'histoire du Chien est intimement liée à l'histoire de l'Homme, par le quadruple rapport de la Religion, du Langage, de la Politique et de la Musique !

Ce qui est plus curieux, peut-être, c'est que j'ai

la prétention d'établir ces choses à la plus grande gloire de l'intelligence humaine.

Je vais simplement narrer comment je fis cette singulière découverte.

Il y avait autrefois, dans le Santerre, portion de la Picardie, dont Péronne était la capitale, une famille qui, quoiqu'elle possédât des seigneuries dont elle eut pu prendre la qualification, mettait une espèce d'orgueilleuse affectation à ne porter d'autre nom que celui de Chien, en vieux français, Kien, Quien, Quen.

Cela est attesté par un grand nombre de documents authentiques, notamment par des chartes du onzième siècle et des siècles suivants, que Dom Villevieille a recueillies, et qu'on voit dans ses manuscrits, à la Bibliothèque Royale.

Je savais déjà que cette maison avait donné naissance à ces sires de Longueval, également établis autrefois dans le Santerre, dont l'antique et chevaleresque illustration est consacrée par tant de pages des vieilles chroniques de Picardie. Cette origine des Longueval, ignorée des Généalogistes, à la seule exception d'Haudiquert de Blancourt, à l'assertion duquel on n'avait pas ajouté foi parce qu'il ne l'avait pas appuyée de preuves suffisantes et qu'il est en général fort suspect, est incontestablement établie aujourd'hui par les documents qui concernent la famille du Santerre, et par beaucoup d'autres au nombre desquels j'indiquerai les manuscrits de Du Cange, *Titres de Picardie, Fiefs du Roi à Péronne,* dans lesquels il est dit que, vers l'année 1200, les fiefs de Longueval, Framerville, etc., appartenaient à JEAN LE CHIEN. C'est lui qui figure parmi les chevaliers bannerets dont le rôle fut établi par ordre de Philippe Auguste, en 1202; c'était lui aussi qui, avec les Ducs de Bourgogne et de Bavière, avait attesté le miracle arrivé, l'an 1192, par l'intercession de Sainte-Madeleine, près Vernon sur Seine, ainsi qu'il est rapporté dans la vie de Saint-Adjuteur, par Jean Teroude.

J'avais lieu de croire que de la maison du Santerre étaient également sortis les sires de Saint-Hilaire qui florissaient en Picardie à la même époque, et dont quelques-uns ont été désignés, dans des chartes du onzième siècle, sous le nom latin CANIS.

Enfin, j'avais reconnu qu'une maison souveraine

d'Italie, la maison des La Scala, Princes de Véronne, *s'était fait honneur* de porter le nom de Chien, en Italien, Cane, se prétendant issue d'un chef Slave de l'ancienne maison des Chiens, Canes, de Bavière, dont elle portait les armes, et dont les descendants, établis en ce dernier pays depuis longues années, en avaient été expulsés, vers l'année 1020, par le Duc régnant.

Ces détails sont extraits de la Généalogie Historique des Maisons Souveraines d'Italie.

Guillaume de Nangis parle, dans sa Chronique, année 1327, d'un seigneur de la maison La Scala, qu'il nomme Canis, *dominus de Verona,* le Chien, *seigneur de Véronne.*

Cette maison, éteinte depuis trois siècles, avait dans ses armes, *deux* Chiens *d'argent sur champ de gueules,* et *un* Chien *ailé*, *d'or*, *au cimier* (Fig. ii).

Les armes *simples* de la maison du Santerre représentent *un* Chien *d'or sur champ de pourpre*, *un* Chien *d'or*, *au cimier*, et deux Chiens *pour supports;* plus tard elles furent écartelées de celles que Raoul le Chien, sire de Longueval, rapporta de la **Palestine**, en **1096**, et transmit à ses descendants [1] (*Figure* I, d'après une ancienne gravure).

J'ai vainement cherché la description des armes des anciens sires de Saint-Hilaire.

On sait, d'antiquité, que les seigneurs de **MONTMORENCY** furent chefs d'un ordre de chevalerie, appelé *l'ordre du* CHIEN. Lorsque **Bouchard IV**, sire de Montmorency, surnommé BARBE-TORTE, vint à **Paris** en **1102**, il était accompagné d'un grand nombre de Chevaliers qui portaient tous un collier d'or, auquel était suspendue une médaille à l'effigie d'un CHIEN.

---

(1) L'Alouette en son *Traité des Nobles*, le père Anselme dans le Palais de la Gloire et de l'Honneur, *origine du vair en armoiries*, Haudiquert de Blancourt et d'autres, racontent que les sires de COUCY, de LONGUEVAL, de CHATILLON, surpris par les Sarrasins, comme ils se trouvaient sans armures ni bannières, coupèrent leurs manteaux d'écarlate, fourrés de pannes de vair, et s'en servirent en guise d'étendard, pour se reconnaître dans la mêlée; et qu'après la victoire obtenue, quittant leurs anciennes armoiries, ils prirent résolution, en mémoire de ce combat, de n'en plus porter d'autres que celles des métaux et couleurs qui se représentent au vair et à l'écarlate, lesquelles furent blasonnées par le roi d'Armes de Hongrie qui donna :

Au sire de COUCY, *Fascé de vair et de gueules de six pièces ;*

Au sire de LONGUEVAL, *Bandé de vair et de gueules de six pièces.*

Le sire de CHATILLON eut *le vair et le gueules en Pal.*

C'est un CHIEN qui forme le cimier des armes de la maison de Montmorency. A ce propos, on lit dans l'Histoire de cette maison, par Duchesne :

« Philippe Moreau, l'un des mieux versés de ce » siècle en la science des armoiries, se fondant sur » un ancien usage qui était que lorsqu'une famille » changeait ses armoiries, elle en conservait l'em- » blême principal au cimier des nouvelles, pense que » les Montmorency, ayant un CHIEN au cimier de » leurs armes, ont dû avoir un CHIEN pour armes » primitives. »

Le père Anselme semble confirmer cette opinion, en disant dans le Palais de l'Honneur :

« Le Cimier est une vraie marque d'ancienne et » illustre noblesse; l'usage en est venu de ce qu'an- » ciennement les généraux et les plus grands seigneurs » avaient accoutumé de porter sur le haut de leur » casque diverses figures, soit d'animaux, soit » d'oyseaux, tant pour donner de la terreur à leurs » ennemis, que pour se faire reconnaître par leurs » gens dans la mêlée. »

Le CHIEN a été très-rarement employé en armoiries,

et ne se voit guère que sur les armes des Maisons dont l'ancienneté est incontestable. Il doit sans doute cet heureux privilége à ce qu'on avait perdu la tradition de sa valeur primitive, et que les vanités nouvelles se croyaient plus satisfaites en s'appropriant l'emblême du Roi des forêts, de préférence à celui du pauvre Chien, auquel on n'accordait que le mérite humble et modeste de la fidélité.

J'en savais assez pour ne pouvoir plus douter que la Race Canine avait joui d'une haute considération, et je ne m'en étonnais pas, sachant sa vigilance, son courage, son dévouement. Mais, tout en rendant justice aux qualités éminentes qui placent incontestablement le Chien à la tête des animaux, je ne pensais pas qu'elles expliquassent suffisamment pourquoi des hommes puissants avaient tenu à honneur de se parer, en quelque sorte, du nom de ce quadrupède.

Je continuai donc patiemment mes recherches, et je découvris, une à une, les choses dont je vais faire un récit très-succinct, en conduisant le lecteur jusqu'au Déluge, pour le moins, afin de le faire assister à l'origine raisonnée :

Du Culte des Animaux,

D'une partie importante du Langage,

Du Pouvoir Représentatif,

Et de la Musique,

Sans mentionner en ce moment quelques autres faits assez curieux :

Le tout à propos de CHIEN.

LE CHIEN PRIMITIF.

KI.

Le savant Du Cange rapporte dans son Glossaire, article CANIS-DIGNITAS, CHIEN-DIGNITÉ, que ce nom fut autrefois le titre des chefs de ces peuples du Nord qui envahirent le reste de l'Europe et de l'Asie, et que c'est le mot CHIEN, en latin, CANIS, qui est exprimé par les noms KAAN, CHAN, KHAM, CAN, KAN, etc., sous lesquels sont désignés les Princes Tartares et Persans.

En effet, la Chronique de Guillaume de Nangis qui, écrivant les choses de son temps devait les bien savoir, parle, en 1299, d'un Roi des Tartares, *dictus* MAGNUS CANIS, *dit* LE GRAND CHIEN.

L'opinion de Du Cange, appuyée, au reste, de

nombreux exemples, paraît partagée par Ménage qui, pour l'explication étymologique du mot KAN, renvoie au mot CANIS-DIGNITAS, du Glossaire de ce savant.

On voit dans l'Histoire des Huns, par M. de Guignes, que le chef d'une puissante nation Tartare porte le titre de KUEN; et cet auteur, dans son Dictionnaire Chinois, dit que KUEN signifie CHIEN.

L'Encyclopédie Méthodique rapporte qu'on voit un Chien sur les médailles des Mammertins, de Maronée, de Phœstus, de Rome, de Segeste, de Nucrinum, de Tyr (*article* CHIEN).

On sait, par Strabon et d'autres, que les anciens peuples d'Ethiopie, pendant de longs âges, reconnurent des Chiens pour Rois, et que c'était dans les cris, les allures, les mouvements de ces Chiens, qu'on cherchait les ordres et les volontés de la suprême puissance dont on les avait fait le symbole.

J'ai été assez heureux pour trouver le portrait d'un de ces Princes, et je me fais un vrai plaisir de le présenter à mes lecteurs, persuadé qu'ils seront enchantés de faire la connaissance de ce personnage, type originaire et parfait du pouvoir représentatif (*Figure* V).

Il fut ROI DES PTOEMPHANES, peuple d'Afrique!

Son image vénérée a été recueillie par Pierius Valerianus, grave et savant auteur, qui, vers le milieu du XVIe siècle, publia, en Italie, un ouvrage estimé, intitulé : *Explication des Hiéroglyphes d'Egypte.*

Les Egyptiens gravaient des Chiens aux portes de leurs temples pour marquer, dit-on, la vigilance que devaient avoir les Princes dans le gouvernement.

Ils rendirent même un culte aux Chiens, et leur consacrèrent une ville, Cynopolis. Bruce rapporte qu'il vit des fragments de statues gigantesques de Chiens qui avaient reçu les adorations de ces peuples ; et que dans Axum, ancienne capitale de ces contrées, *il n'y avait pas un seul autre hiéroglyphe que le Chien.*

Un des plus anciens Dieux de l'Idolatrie Egyptienne, Anubis, est constamment représenté *avec une tête de Chien.*

Un Canope, autre divinité Égyptienne, paraît également *avec une tête de Chien,* dans une figure publiée par le père Montfaucon.

Les Chiens étaient encore plus vénérés chez les

Perses que chez les Égyptiens. Chez les Guèbres, le plus ancien peuple de Perse, on a grand soin, dit Ovington, de mettre un Chien auprès des mourants; s'il leur fait des caresses, et surtout s'il prend un morceau de pain qu'on leur a placé dans la bouche à cet effet, c'est l'indice d'une félicité suprême dans l'autre monde.

Tavernier ajoute que lorsqu'un Guèbre est à l'agonie, *on prend un Chien dont on applique la gueule sur la bouche du mourant, afin qu'il reçoive son âme avec son dernier soupir* (Fig. IV, d'après les Cérémonies Religieuses).

Tout le monde connaît le goût particulier des chiens pour le chiendent; le voyageur Sonnerat rapporte que cette plante, nommée *herbé* chez les Indiens, est sacrée parmi ces peuples, et que, dans les cérémonies funèbres, les prêtres ne manquent jamais d'en mettre quelques brins dans la main du mort. Cette provision de chiendent n'est-elle pas évidemment destinée à captiver les bonnes grâces du Chien Céleste?

Amida, l'Être suprême, l'Être créateur, chez les

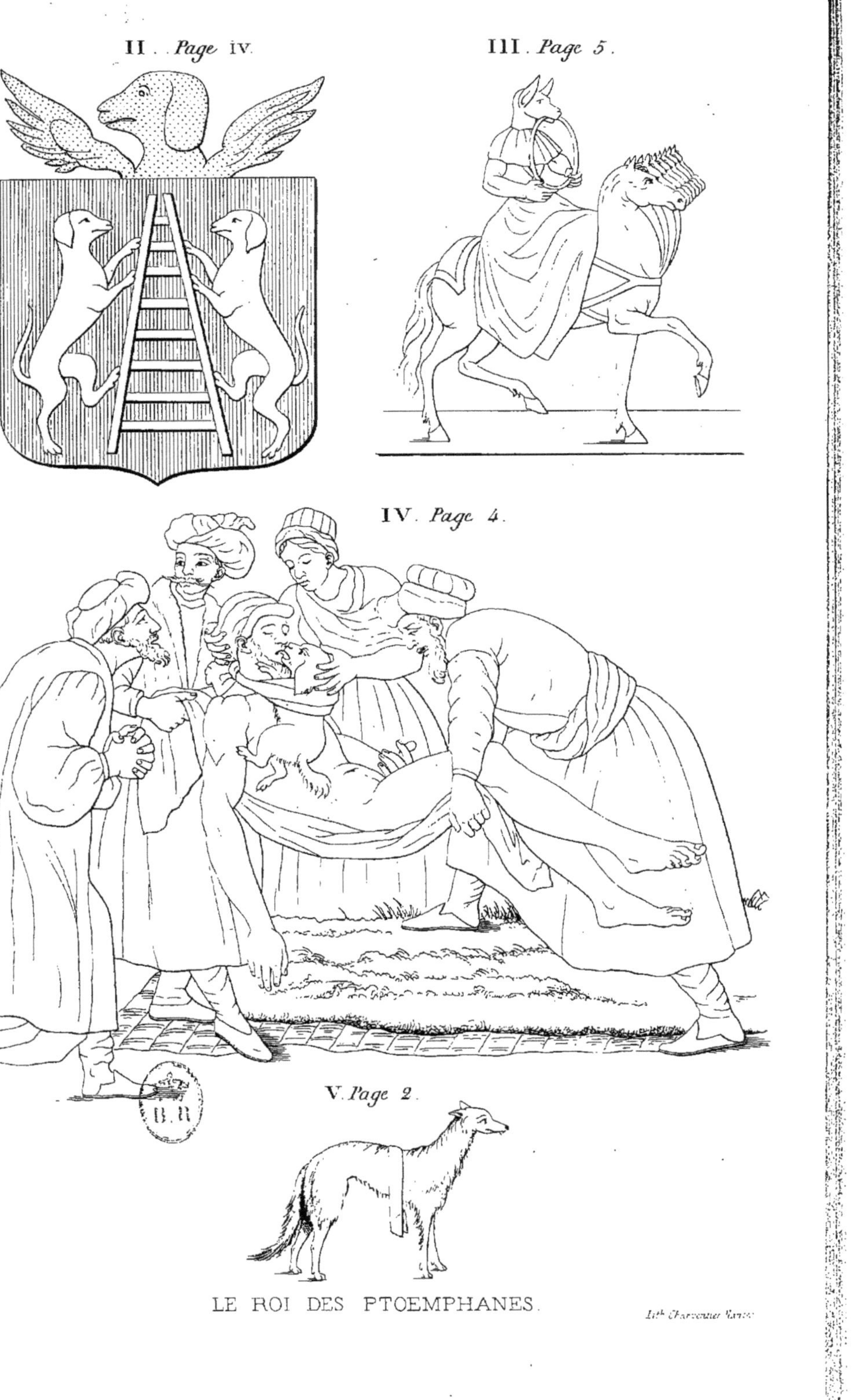

LE ROI DES PTOEMPHANES.

FAC SIMILE

Japonais, est représenté *avec une tête de Chien,* sur un monument publié par l'auteur des Cérémonies Religieuses (Figure III).

On voit dans cet ouvrage une autre figure d'un Dieu *à tête de Chien,* présidant aux cérémonies nuptiales.

Quelques auteurs font remonter l'origine de notre mot *Chien,* qui autrefois se prononçait et s'écrivait KIEN, QUIEN, CUEN, QUEN, au mot KI, *Chien*, de la langue Celtique qu'on croit être la langue primitive, et dont beaucoup de mots se sont conservés en Basse-Bretagne ; cette origine est vraisemblable.

Les anciens vocabulaires Bretons rapportent que ce mot s'écrivait de différentes manières :

KI, QI, CI, CEI ;

KON, QUN, quelquefois CHASS, au pluriel.

Je ferai remarquer aussi, avant d'aller plus loin, que les sons C. CH. G. Q. S. SH. T. X, ne représentent, en certains mots, que des nuances modifiées du son primitif K ; nos pères parlaient comme ils frappaient, rudement.

Chien se disant :

Ki, Qi, Ci, Cei, Kon, Qun, Chass, dans la langue primitive ;

Seir, au pays de Meroé, d'après Bruce ;

Sig, chez les Persans ;

Kimmag, chez les Esquimaux et Groenlandais ;

Kepe, chez les Sarrasins ;

Kuon, en Grec ;

Koter, en Danois ;

Kuen, en Chinois ;

Canis en Latin ;

Chaleb en Hébreu ;

Can, en Espagnol ;

Kalba, en Chaldéen, etc., etc. :

Chien étant le titre reconnu des chefs de plusieurs nations, sous les noms Kan, Kuen, etc. ; et le Chien ayant été, chez les plus anciens peuples, le symbole d'un culte divin et de la suprême puissance, n'y a-t-il pas lieu de penser que c'est le nom Chien qui a été donné primitivement ou par dérivation :

Aux Souverains des Perses, sous le nom..................... KI,

Aux Souverains des Turcs, sous le nom . . . . KI,

Aux Souverains de la Chine, sous les noms. . . . . KI, TI,

Aux Souverains d'Angleterre, sous le nom. . . . . KIng,

Aux Souverains de quelques peuples des Indes, sous le nom . . SIngh,

Aux Souverains d'une nation nègre, sous le nom . . . . SIratick,

Aux Souverains de France et d'autres nations d'Europe, sous le nom. . . . . SIre,

Aux hommes puissants, en Grèce, sous le nom . . . . KYrios,

A l'Étendard des Tartares Mongoles, sous le nom . . . . KI,

Au chef de l'armée Turque, sous le nom . . . . KIhaia,

A des chefs Indiens, sous le nom . . . . SIrdar,

A des chefs Arabes, sous les noms. . . . . SI, SEI, SIdi,

A des chefs des Iles Moluques, sous le nom.......... ...... **SYNAGÉE**,

A un officier Turc, sous le nom. **CHIAOUX**,

A un officier, chez les Perses, sous le nom...... .... **CHIARVATAR**,

A un chef de clan Écossais, sous le nom.................... **CHIEFTAIN**,

Au mot *chef* qui s'écrivait autrefois...................... **CHIEF**,

Au mot *capitaine* qui s'écrivait autrefois................ **QUIÉVETAINE**,

A un officier Turc, sous le nom. **CHIOADAR**,

A un officier du Divan, sous le nom.................. . **KIATIBE**,

Au premier officier du sérail, sous le nom................ **KISLAR**,

A l'Être suprême, chez quelques peuples sauvages, sous le nom... **KICHTAN**,

A une idole des Virginiens, sous le nom................ **KIOUSA**,

A une idole du Pégu, sous le nom..................... **KIAK**,

A une divinité du Loango, sous le nom . . . . KIkokko,

Au dieu de la nuit, chez les Slaves, sous le nom . . . . KIktmora,

A une divinité du Thibet, sous le nom . . . . KInchok,

Au dieu de l'Eau, chez les Indiens, sous le nom . . . . KIsténérapan,

A une divinité du Canada, sous le nom . . . . KItchi,

A une divinité du Canada, sous le nom . . . . KItoni,

A une idole du Congo, sous le nom . . . . KItourna,

A une idole des Virginiens, sous le nom . . . . KIwasa,

A une idole du Congo, sous le nom . . . . KItonba,

A une divinité des Gentoux, sous le nom . . . . KIsen,

Au Soleil, chez les Abenaquis, peuple d'Amérique, sous le nom. KIzous,

Au Ciel, chez les Esquimaux, sous le nom . . . . KILLAC,

Au livre sacré des Japonais, sous le nom . . . . KIO,

A une prière des Japonais, sous le nom . . . . KITOO,

Aux livres sacrés des Chinois, sous le nom . . . . KING,

Au Grand prêtre des anciens Prussiens, sous le nom . . . . KIRIE-KIRIETS,

A Saturne, chez les Orientaux, sous le nom . . . . KIUN,

A Rhée, femme de Saturne, mère des Dieux, sous le nom . . . . CYBÈLE,

A Jupiter, sous le nom . . . . . . CYNETHEUS,

Ce nom est évidemment composé de deux mots grecs, *cunos*, génitif de *cuôn*, *chien*, et *théos*, *dieu*, DIEU DES CHIENS.

Au principal dieu des Indiens, sous le nom . . . . CHIVEN,

A Diane, déesse de la chasse, sous le nom . . . . CHIA,

A une idole des Sauvages, près Panama, sous le nom.......... CHIappen,

A des sorciers d'Angola, sous le nom..................... CHIbados,

A une idole des peuples de Guinée, sous le nom. .... CHIna,

A une fête des Péruviens, sous le nom........... .... CItu,

A un monstre fabuleux, sous le nom.................... CHImère,

Au Soleil, chez les Perses, sous le nom .... CYrus,

A un chien d'Actéon, sous le nom...................... CYllo,

A un chien d'Actéon, sous le nom............ .... CYllopotis,

A un chien d'Actéon, sous le nom ... . CYprius,

A l'Être suprême, chez la plupart des Nègres, sous le nom... GUIghimo,

A cette plante sacrée, chez les Gaulois, sous le nom .... GUI.

Au dieu de la Musique, chez les Indiens, sous le nom.......... GUINERERS,

A des sorciers en Afrique, sous le nom..................... GUIRIOTS,

A la plus grande fête du Japon, sous le nom...... .... GIBON,

A une fête des Perses, sous le nom..................... GIESCHEN,

Au chef des Génies, chez les Perses, sous le nom.......... GIAN,

A un talisman, chez les Perses, sous le nom..... .... GIAUCHEN,

A une Race illustre, chez les Perses, sous le nom........... GIAMITES,

A une divinité Japonaise, sous le nom... .. .. GIWON,

A une divinité du premier ordre, chez les Budsoïstes, sous le nom. GISON,

A une idole des KAMtschadales, sous le nom............. ... GIR,

A une pierre mystérieuse, sous le nom.................... GIOURTASCH,

A Mercure, chez les Mexicains, sous le nom................ QUItzalcoat,

A la Lune, au Pérou, sous le nom.................... QUIlla,

Au gardien du livre sacré, chez les Incas, sous le nom........ QUIpocamaïs,

Au dieu souverain, à la Guyanne, sous le nom................ QUIpock,

A une idole des Jagos, sous le nom.................... QUIsango,

A un dieu principal des Indiens, sous le nom................ QUIchena,

A un jeûne solennel, chez les Indiens, sous le nom.......... QUIverazi,

A un mauvais Génie des Indiens, sous le nom.............. QUEY,

Au dieu des batailles, sous le nom.................... QUIAY-nivandel,

Au dieu des malades, sous le nom.................... QUIAY-pimpocan,

A une idole d'Aracan, sous le nom.................... QUIAY-pora,

Au dieu des Sabins, sous le nom .... QUIRINUS,

Au dieu du Feu, chez les Slaves, sous le nom .... SHIDI,

Au souverain pontife du Japon, sous le nom .... SIAKO,

A un lieu sacré, aux Iles Maldives, sous le nom .... SIARE,

A une déesse Indienne, sous le nom .... SITA,

Au dieu des Tschouwasches, sous le nom .... SIR,

A l'Être suprême, chez les Perses, sous le nom .... SYRE,

A un chien d'Actéon, sous le nom .... SYRUS,

A des monstres fabuleux, sous le nom .... SIRÈNES,

A une déesse des Germains, sous le nom .... SIRONA,

A un dieu des Birmans, sous le nom .... SIGEAMI,

A une divinité du Japon, sous le nom.................... SIACA,

A un ancien dieu des Brachmanes, sous le nom............ SIB,

Au dieu de l'amour, sous le nom..................... SIONA,

A une secte de Mahométans, sous le nom................ SHIITES,

A des habitants fabuleux de l'Afrique, sous le nom........ SCIAPODES,

A un Génie du Japon, sous le nom..................... XIN,

A une divinité Japonaise, sous le nom.................... XIQUANY.

A cette nymphe que CI*rcé*, par jalousie, transforma en un monstre dont la partie inférieure ressemblait à un chien, et qui se précipita dans un gouffre de la mer de SI*cile*, sous le nom........ SCYLLA,

On sait que le bruit des flots, en cet endroit, ressemble aux aboiements des chiens.

Au Soleil, sous le nom...... TITAN,

A une déesse des Indiens, mère du Soleil et de la Lune, sous le nom .... THIe,

A une divinité des anciens Milésiens, sous le nom........... TIteia,

Au *dieu de mille dieux,* chez les Indiens, sous le nom....... TInagogo,

A l'Être suprême chez les Chinois, sous le nom............ TIen,

Aux Souverains des peuples d'Allemagne, sous le nom...... KONing,

Aux chefs Esquimaux et Groenlandais, sous le nom.......... KONge,

Aux chefs Hottentots, sous le nom .... KONquer,

Aux Souverains mahométans, sous le nom................. CALife,

A l'Être suprême, chez des peuples barbares, sous le nom... KONju,

A l'Être suprême, chez des peuples d'Afrique, sous le nom. KANo

A l'Être suprême, au Pérou, sous le nom................. CAMac,

A l'Être suprême, chez les Caraïbes, sous le nom........ CAMINA,

A l'Être suprême, au Japon, sous le nom............... CAMI,

Au dieu des Malabars, sous le nom.................... CANTEVEN,

A une divinité des Sabins, sous le nom.................... CAMULE,

A un dieu du Japon, sous le nom....................... CANON,

L'abbé Banier pense que Canon est le même qu'Amida, *Dieu à tête de chien.*

A un catéchisme indien, sous le nom..................... CANACOPOLE,

A une idole Mexicaine, sous le nom................... CAMATLÉ,

Aux Furies, sous le nom.... CANES,

A une divinité Égyptienne représentée quelquefois avec une *tête de chien*, sous le nom........ CANOPE,

Aux plus anciens dieux de l'Égypte, sous le nom......... CAMEPHIS,

A un dieu Chinois, sous le nom. CHAMti,

A une déesse Chinoise, sous le nom .... CHANgko,

A des sorciers, chez les KAMtschadales, sous le nom.... CHAMan,

Aux *feux sacrés*, chez les Grecs, sous le nom........... CHAManim,

A un dieu des Ammonites, sous le nom................. CHAMos,

Aux adorateurs du Soleil dans le Levant, sous le nom........ CHAMsies,

A la Lune, chez les Indous, sous le nom.................. CHANdra,

A un dieu du Japon, sous le nom..... .... KAMarten,

A une divinité monstrueuse des Chinois, sous le nom. .... KUON-in-pu-sa,

A un des Grands dieux du Japon, sous le nom........ ...... KAMotken,

Au dieu de la Paix, chez les Slaves, sous le nom........... KALeda,

A une divinité des Gentoux, sous le nom................. KALwefka,

Au dieu de l'Hymen, chez les Indiens, sous le nom... ...... CAMA,

A une fête religieuse du TUNQUIN, sous le nom......... CANYA,

A un chien d'Actéon, sous le nom..................... CANACHÉ,

A un monstre fabuleux, sous le nom..... .... CAMPE,

A la Lune chez les Arabes, sous le nom.................... CAMAR;

Aux Muses, sous le nom..... CAMOENOE,

A l'Océan, chez les Arabes, sous le nom............... . CAMUS.

etc., etc.

J'arrête cette nomenclature, car il y aurait la matière d'un volume *in-folio*, si je voulais donner tous les noms qui semblent se rattacher à la famille KI, à ne prendre même que les noms des Divinités de la Fable, des Contrées, des Villes, des Peuples. Chacun peut s'en convaincre en ouvrant un dictionnaire de l'Antiquité. Il faut considérer aussi que j'ai borné ces quelques citations aux noms commençant par les radicales KI, CI, etc; ce serait une bien autre

KYrielle, si j'abordais le KI médial et le KI final. Ainsi, sous ces noms propres des peuples du Nord, qui se terminent presque tous en KI, ne découvrirait-on pas un bout d'oreille de chien? PotemKI ne signifierait-il pas *puissant chien*, du mot latin *potens;* GalewsKI, *galeux chien,* ou quelque chose comme cela?.

On conçoit que pour donner à ces recherches une étendue convenable, il faudrait consulter des vocabulaires de toutes les langues anciennes et modernes, et la Bibliothèque provinciale où je puise en est malheureusement dépourvue. D'ailleurs, pour faire sortir d'un travail aussi étendu, les conséquences qu'il pourrait avoir dans l'intérêt de l'histoire des hommes et des choses, il faudrait posséder une érudition préliminaire que je n'ai pas. Je me garderai donc bien d'entreprendre une tâche tellement au-dessus de mes forces, et me bornant au rôle d'indicateur, je me contenterai, lorsque j'aurai des citations à faire, de signaler quelques mots qui suffiront pour mettre sur la voie. Je ne nommerai pas toujours l'ouvrage du quel j'aurai extrait ces citations, parce qu'il en résulterait trop de longueurs, mais je n'en ferai aucune qui ne provienne d'auteurs connus. Au surplus, c'est dans le Monde Primitif, par Court de Gébelin, que j'ai recueilli la plupart des mots étrangers que l'on verra.

On lit dans cet ouvrage que le mot chinois

KINg, signifie *grand, élevé*, *fort*, *puissant, chef, prince, roi*; qu'il vient de la langue primitive, et a été conservé par toutes les langues de l'Asie, et par les langues septentrionales de l'Europe; que c'est le mot Hébreu

KHEN, que les Massorethes prononcent et écrivent

KUHEN, KOHEN, et qui signifie, *prince, noble*, *le chef de l'empire et du sacerdoce.*

On voit dans l'Histoire du Japon, par le père Charlevoix, que ces diverses significations sont également celles du mot Japonais

CAMi; et Court de Gébelin rapporte ailleurs que le mot Péruvien

CAMac, en dit à peu près autant.

CAMa, au Pérou, signifie *âme.*

SINg, chez les Indiens, est une qualification d'honneur qui s'applique aux hommes puissants, ainsi que ce vieux mot européen

SIRE, en grec KYRIOS, qui, en France s'appliquait même autrefois à Dieu, car on disait,

SIRE Dieu.

SYRE, est le nom de Dieu, chez les Perses.

Je vois les mots :

KHI, *grand*, chez les Cochinchinois ;

CAI, *grand roi* et *géant*, chez les anciens Persans ;

GIHAN, *le monde*, en ancien Persan ;

GIBEL, *élévation*, en Arabe.

Ne serait-ce pas par suite de cette idée de puissance attachée à la radicale KI, que les Arabes ont donné le nom de

SIMOUN, à ce vent du désert qui brûle et dévaste sur son passage ; et que nous avons appelé

SIROCO, cet autre vent dont l'influence est souvent si funeste sur les rives de la Méditerranée ? Les mots importants :

TI-TI, *grand*, *élevé*, chez les Caraïbes,

CIME, CITÉ, TIGE, TITRE, TYPE, TINEL, qui signifiait, *cour du roi*, dans notre vieux langage, et tant d'autres n'auraient-ils pas la même origine ?

J'ai déjà dit que le pluriel du mot Celtique KI, *chien*, est :

KON, se disant aussi KUN.

KON, se disant aussi KUN, est la radicale des mots Allemands qui expriment la puissance. J'ajoute que :

HONT, en Allemand, signifie *chien*, et équivaut à

KONT, de l'aveu des savants qui ont constaté que l'aspiration H a remplacé l'intonation K dans une foule de mots, et surtout chez les Allemands. Ammien Marcellin dit, à ce sujet, que *chez les Bourguignons, les Rois s'appelaient*

HENDINS, *tandis que dans le nouveau testament en langue des anciens Goths, on donne à Pilate le nom de* KINDINS.

HAN*an*, au Pérou, signifie *supérieur*, par suite sans doute de cette substitution de l'H au K, et de celle de la radicale KAN à la radicale KI, comme chez les Espagnols et les Latins qui appellent le chien, CAN, CANIS.

La puissance est exprimée par les mots :

CAN, dans la langue Anglaise,

KAN, précédé de I, dans la langue Grecque.

Je signalerai les mots :

KANGAK, *tête, sommet,* chez les Esquimaux.

KANGO, *monter*, chez les Esquimaux.

CANON, qui a tant et de si puissantes significations dans beaucoup de langues.

CAMEL, *accompli, parfait*, en Arabe.

KUN, *seigneur*, chez les Bretons.

KUN, *roi,* chez les Chinois.

KUEN, *beau, pur*, CHIEN, chez les Chinois.

KIND, *bon*, *bienfaisant, doux*, *obligeant*, chez les Anglais.

QUEEN, *reine,* chez les Anglais.

QUEN, *roi*, en Etrusque.

QUENs, vieux titre français qui signifiait *comte,* et ne se donnait qu'aux principaux seigneurs; on disait : le QUENs de Flandre, le QUENs de Bourgogne, etc. Je rappelle ici qu'autrefois le mot *chien* se prononçait et s'écrivait KIEN, QUIEN, QUEN; cette prononciation est même encore celle du vulgaire en certaines provinces de France.

Je citerai encore ce mot si ancien, et appartenant à plusieurs langues :

ARCHI, se prononçant quelquefois ARKI, dont la

propriété singulière est de donner une plus grande force à la signification des mots auxquels on le réunit ; ainsi :

arCHIgalle, *grand prêtre de Cybèle.*

arCHIdruide, chef des Druides.

arCHImage, chef de la religion des Perses.

arCHInoble, *très-noble.*

arCHONte, arKONte, premier magistrat en Grèce où *chien* se dit KUON.

Je ferai observer que le mot AR des Celtes, équivaut à notre article LE, de sorte qu'en décomposant ce mot AR-CHI, on trouve qu'il signifie, en langue Celtique, LE CHIen, c'est-à-dire LE CHEF, d'après mon système.

C'est un fait bien remarquable que l'emploi d'un mot unique dans toutes les parties du monde, pour exprimer le pouvoir suprême et tout ce qui implique une idée de puissance, de grandeur; mais ce qui étonne plus encore, c'est que ce mot soit le mot CHIEN ; et l'on ne peut méconnaître qu'il semble être la racine de la plupart de ceux que j'ai cités. Au reste ce fait de linguistique, si étrange, si absurde qu'il paraisse, répugne encore moins à la raison, on en conviendra, que le culte du Chien, culte en honneur chez les plus anciens peuples, culte avéré, incontestable.

Quelle fut la raison de ce culte?.

C'est au Ciel qu'il faut la chercher; et je crois que nous la trouverons dans cette belle constellation qui brille au firmament depuis l'origine du monde, et que les anciens peuples ont nommé l'ÉTOILE DU CHIEN, SIRIUS.

Cette constellation porte aussi le nom d'ANUBIS, ce Dieu Égyptien *à tête de chien*.

La vénération des Égyptiens et des Éthiopiens pour l'Étoile du Chien, se révèle encore par cette circonstance qu'ils commençaient leur année à son lever, et la cause en est qu'elle apparaissait périodiquement à l'époque du débordement du Nil. Or, on sait l'importance de ces débordements du Nil ; on sait aussi tous les maux qu'on attribuait aux chaleurs Caniculaires.

« Quand la Canicule se lève, disent Hippocrate et » Pline, la mer bouillonne, le vin tourne, les chiens

» entrent en rage, la bile s'augmente et s'irrite, tous » les animaux tombent dans la langueur et dans » l'abattement ; alors arrivent les fièvres ardentes et » continues, les dyssenteries, etc., etc. »

L'apparition périodique de la plus belle étoile du ciel, précédant immédiatement ces remarquables événements, dut frapper l'imagination des hommes, qui purent comparer cette étoile à un chien vigilant et protecteur, les avertissant de se mettre sur leurs gardes.

Cette opinion vraisemblable paraît avoir été celle du célèbre voyageur Bruce, qui rapporte que *chien* se dit :

SEIR, au pays de Méroé et chez les Troglodytes, et que c'est évidemment de SEIR que viennent les mots :

SIRius, nom de l'Étoile du Chien ;

SIRis, ancien nom du Nil ;

SERiad, ancien nom de l'Égypte.

Bruce dit ailleurs que chez les Argows, autre peuple d'Égypte,

SEIR, se disant aussi GZEIR, est le propre nom du

Nil, et signifie encore, non pas *chien*, comme au pays de Méroé, mais DIEU !

On sait qu'il y a une autre constellation du Chien, dont l'apparition précède celle de SIrius, et qui à cause de cela a été nommée

Procyon, du grec pro, *avant*, et de *K*uôn, *chien.*

Les maux attribués aux chaleurs de l'époque Caniculaire avaient un rapport si intime, aux yeux des hommes, avec la Constellation du Chien, que dans l'île de Cos, autrement nommée StanCHIo, dans les CYclades, et même chez les Romains, dont l'ancien nom est QUIrites, les historiens racontent qu'on faisait des sacrifices à la Canicule pour détourner ses funestes influences.

Le culte du Chien s'explique donc ainsi d'une façon rationnelle, et on est porté à admettre, rationnellement aussi, qu'il put être le culte primitif de l'Idolâtrie chez les peuples du Nil, car les débordements de ce fleuve et les maux apportés par les chaleurs Caniculaires, durent être les premiers événements importants dans la vie de ces peuples qui passent pour être des plus anciens.

L'étoile qui, par son apparition simultanée avec ces événements, semblait en indiquer l'approche, ayant été comparée à un Chien tutélaire et ayant reçu le nom de Chien, on conçoit dès-lors que le Chien soit devenu l'emblème d'une puissance suprême, on conçoit que ce nom ait été donné à des divinités du paganisme, et par suite, aux chefs du peuple et à tout ce qui est puissant et fort dans la nature ; et cela étant arrivé au commencement de la formation des peuples, lorsqu'il n'y avait encore que quelques hommes sur la terre, on conçoit que le même mot se soit perpétué chez les divers enfants de ces hommes, pour exprimer la plus importante de toutes nos idées, l'idée d'une Puissance divine, première, de laquelle dérivent toutes les Puissances de la terre.

Mot magnifique par la grandeur et l'immensité de ses significations sur toute la surface du globe !

J'admets, sans hésiter, que la radicale KI devenue CI, GI, KON, KAN, etc., a dû sa valeur et son affectation spéciale aux dénominations de la puissance, dans les Cieux et sur la terre, à sa signification primitive, *chien*; et le nom de l'Étoile du Chien considéré avec les circonstances qui suivaient l'apparition de cette constellation, suffit aussi pour donner à penser qu'elle fut effectivement comparée à un chien protecteur et vigilant; le raisonnement ne repousse pas ces conjectures.

Néanmoins, il ne me paraît pas, je l'avoue, que cette comparaison motive suffisamment la profonde et universelle vénération des anciens peuples pour le Chien; je crois qu'elle fut une conséquence, et non pas la cause, du culte du chien; je crois, enfin, qu'il faut remonter à des âges encore plus éloignés, pour arriver à l'origine de ce culte.

Quelques lecteurs, moins exigeants que moi, se seraient peut-être tenus pour satisfaits, mais ma curiosité, singulièrement excitée, entrevoyait de nouvelles découvertes, et mon regard, ardent et scrutateur, voulait percer les nuages qui l'arrêtaient encore.

Je me remis à l'œuvre.

Avant d'entreprendre le récit de ma seconde expédition à travers les siècles écoulés, je veux demander aux Étymologistes, si la science de l'origine des mots ne pourrait pas tirer quelque profit de ces données. Je vois, par exemple, que ces messieurs font venir le mot

SIbylle, nom de ces fameuses prophétesses des anciens, de deux mots grecs, théos, *Dieu*, et boulê, *conseil*, *conseil de Dieu*. Ne trouvez-vous pas que mon KI, signifiant également *Dieu*, ressemble un peu plus que théos au SI de SIbylle?

Bien des pages ont été écrites sur l'origine de ce vieux mot

SIRe, en grec KYRios, dont j'ai déja parlé, mot universel, et je crois qu'il a été décidé en dernier ressort qu'il vient du mot latin senior, *plus vieux*. Je ne méprise pas senior, mais, en conscience, j'aime mieux mon KI, se disant également CI, en Celte, devenu SEIR, SIRius, en Égypte.

Les historiens nous parlent de deux fameux princes de Perse, que tout le monde connaît et qu'ils nomment CAMbyse et CYrus; n'auraient-ils pas pris pour un nom propre les qualifications KAM et KI dont on sait que les anciens princes de Perse faisaient précéder leur nom? CYRUS que les Perses appellent KYRESCH, ne viendrait-il pas de KI, *Chien*, et du mot Punique RESCH, *roi*, CHIEN-ROI?

Quelle est l'origine du mot, TYRAN, qui s'appliquait autrefois à tous les princes et signifiait *celui qui gouverne?* c'est le mot latin *tyrannus* dit l'un; c'est le mot grec *turannos* dit l'autre. Moi je dirai que TY-RAN, vient peut-être de TY pour KI, *Chien,* et du mot Celte REN, qui, d'après le père le Pelletier, signifie *régner,* CHIEN RÉGNANT! etc., etc.

Quel est le peuple, fût-ce le peuple Romain, dont les Annales offrent des Grandeurs et des Décadences qui puissent se comparer à celles de la Race Canine?

Lorsque je considère mon vieux compagnon de chasse, mon brave ROZWALL, et que je songe à la sublimité du rôle que ses ancêtres ont joué dans le monde, je me sens pris d'une immense pitié! voilà donc le descendant de ces Dieux de nos pères, de ces Rois d'Éthiopie! ô Fortune! à quelles extrémités peuvent donc être réduits un jour les enfants des grands de ce siècle!

R.

Depuis que je m'étais mis en tête d'approfondir les mystères de l'Histoire Canine, j'étais obsédé d'idées de Chien; je pensais Chien, je rêvais Chien, j'entendais Chien, je parlais Chien, je ne voyais que Chien, et mon esprit était confondu en présence des révélations étranges qui m'arrivaient de toutes parts. Ha! si les Chiens savaient parler! Mais, que dis-je! Les Chiens parlent, c'est l'Homme qui ne comprend pas leur langage. L'Homme ne comprend pas le langage du Chien, et cependant c'est au langage du Chien que l'Homme doit les principaux éléments du sien!

Les preuves en sont nombreuses, irrécusables.

Un jour, Rozwall rongeait un os avec l'ardeur qu'il met en toutes choses. Son fils était à quelques pas de lui, contemplant ce festin d'un air de convoitise, et s'approchant à pas de loup. Rozwall, sans interrompre sa besogne, lui adresse un regard dépourvu de cette bienveillance habituelle que je me plais à lui reconnaître. Cependant le fils imprudent s'approche encore... Alors le père irrité, prenant la parole, lui dit avec un accent que je n'oublierai de ma vie:

Rrrrrrrrrrrrrrrrrrr !

L'enfant comprit et rétrograda sans plus tarder.

Au même instant une illumination subite jaillit dans mon cerveau... je cours chez moi... j'ouvre mes livres avec un empressement fébril... et je vois... ce que vous allez voir.

Veuillez d'abord prononcer la lettre R...

Maintenant dites : HER...

R. HER. N'est-ce pas le même son ?

Que signifie le mot HERR, en langue Celtique ?

HERR, *voix du Chien qui menace, vox canis minitantis,* GRONDEMENT DU CHIEN.

ARH, HARH, *cri du Chien.*

Le Dictionnaire de Trévoux rapporte que les

Anciens ont appelé la lettre R, *lettre Canine, parce que les Chiens semblent souvent la prononcer en grondant et en aboyant.*

Lisez maintenant ce que divers savants ont écrit relativement à la lettre R.

Platon fait dire à Socrate, dans son Cratyle, qu'on peut regarder la lettre R *comme l'organe de toute espèce de mouvement.*

Court de Gébelin, chez qui j'ai pris cette citation, ajoute que la lettre R a en outre deux propriétés remarquables et très-distinctes; qu'elle a été particulièrement employée par les Anciens, pour exprimer *le bruit et la force,* ce qui frappe l'ouïe et ce qui dénote la puissance.

Voici quelques exemples pris entre mille. Les Grecs disent :

Raga, qui a la double signification de *fracas* et de *vigueur.*

Rothos, *bruit des ondes.*

Roibdos, *bruit aigre et perçant.*

Ruzeô, Ruzo, Rozo, Roizeo, *lamenter*, *aboyer*,

faire entendre des sons qui déchiRent, qui peRcent.

RATHAGOS, *bRuit aigu, fRacas des flots qui se bRisent.*

PHRIX, *bruit qui fait fRémir.*

TRIZÔ, *faire du bruit, gRincer, muRmuRer.*

KRAGO, *cRier.*

KRIZO, *pousser des sons aigus.*

KRÔZÔ, *bRuiRe, cRoasser.*

Etc., etc.

Les Latins disent :

RUDO, *RugiR.*

RUMOR, *RumeuR.*

FRAGOR, *fRacas.*

FREMO, *gRonder, muRmuRer, fRémir.*

Etc., etc.

Nous avons dans notre Langue, en outre des mots français que je viens de donner en traduction, chez lesquels la lettre R est évidemment la lettre dominante :

Rabacher, Raconter, Radoter, Ragonner, Railler, Raisonner, Ramage, Rauque, Récapituler, Réciter, RécRier, Remontrance, Ré-

ponse, Réprimande, Représenter, Reprocher, Révéler, Rime, Ronfler, Rognonner, gRonder, RiRe, etc., etc. Tous mots exprimant un acte dont l'accomplissement nécessite la production d'un son.

Je reviendrai sur cette application spéciale de la lettre R, lorsque je parlerai du mot HERR; mais avant, je vais donner quelques exemples de l'application de cette lettre aux mots primitifs qui expriment *puissance*, *force*, *élévation*, etc.

RHÉ, *le soleil*, chez les Egyptiens.

RE, *la lune*, chez les Irlandais.

RHÉE, CYBÈLE, *mère des Dieux, femme de* KIUN, SATURNE.

ROI, *chef souverain*, qui se dit :

ROË, ROUË, en Celte,

RHOÊ, en Hébreu,

RAÊ, en Chaldéen,

ROIO, en Syriaque,

RAÎ, en Arabe,

REIKS, en Scythique,

RESCH, en Punique,

REX, en Latin,

et qui existe dans la plupart des Langues modernes, ne variant que par les lettres qui suivent la lettre R, lettre **ROYALE**.

Raja, *titre des Princes souverains*, dans l'Indoustan.

Raiss, *chef*, en Egypte.

Roc, *la plus dure des pierres.*

Rock, *le plus grand des oiseaux,* dans les Contes Arabes.

Ro, *rouge*, en Celte, *la plus précieuse des couleurs*, chez les Anciens.

Rô et Rôô, en Grec, *se jeter avec impétuosité, entraîner.*

Ruo, en latin, *se précipiter, se ruer.*

Re, particule qui marque *réduplication, augmentation.*

Re, en Breton, *très.*

Ro, en Irlandais, *très.*

Ric, en Gaulois, *fort*, *puissant, riche.*

Rom, mot primitif Hébreu, Grec, etc. qui signifie *force, élévation,* duquel est venu le nom de la ville de Rome.

Ram, en Teutonique, *force.*

RAOUMA, en Chaldéen et Syriaque, *force.*

RENN, en Celte, *régner.*

ROBA, terme du Levant, *richesse.*

RASH, ROSH, en Hébreu et Oriental, *tête, sommet.*

RUH, en Maltais, *âme.*

ROU'H, en Hébreu, *esprit, vapeur.*

ROE, en Indien, *esprit.*

RHUM, *liqueur spiritueuse.*

ROGOMME, nom populaire de l'eau-de-vie, *la plus forte de nos liqueurs spiritueuses,* et que le peuple appelle, de temps immémorial, EAU DU SACRÉ CHIEN.

La lettre R étant finale, on trouve :

AUR, HOR, nom Oriental du Soleil.

AURINGA, nom du Soleil en Fionie.

AURA, *feu,* en Chaldéen.

AUR, *lumière,* en Hébreu.

ôRA, *beauté*, en Grec.

AURA, *éclat,* en Grec.

oR, le plus précieux de tous les métaux.

AURUM, l'*or,* en Latin.

HHOR, *noble, illustre*, en Hébreu.

oR, terminaison latine qui signifie, *plus.*

Etc., etc.

De la radicale R sont venus les mots grecs :

RAGÔ, *briser.*

RÉZO, *produire du mouvement.*

REUMA, *torrent,* duquel *Rhume.*

R'UO, *couler, entraîner.*

R'IPTO, *jeter, précipiter, renverser.*

R'IPÊ, *impétuosité, grand vent.*

R'OMBOS, *mouvement en tous sens.*

R'OPHAO, *humer avec force.*

R'ATHASSO, *frapper avec force.*

Etc., etc.

Les mots latins :

RUTUBA, *RenveRsement.*

RUDIS, *Rude.*

RUMPO, *RompRe, bRiser, fRacasser.*

RAPIDUS, *Rapide, qui entRaine.*

RAPIO, *Ravir, empoRter avec violence.*

RABIES, *Rage, fuReuR.*

RADIX, *Racine.*

tRituRo, *bRoyer, bRiser, tRituRer.*

tRux, *cRuel, faRouche, baRbaRe.*

iRa, *colèRe.*

Etc., etc.

Dans la Mythologie je vois:

RobuR, *Dieu de la foRce.*

etc. etc.

Maintenant que, d'accord avec Platon, Socrate et autres docteurs, j'ai démontré l'application spéciale de la lettre *Canine* à la composition des mots qui expriment *mouvement, bruit, force*, je reviens à la Langue *proprement dite Canine*, à ce discours menaçant de Rozwall, *rrrrrrrrrrrrrrrr...*, que les Celtes ont traduit par les mots, **HERR**, **ARH**, **HARH**, *grondement*, *cris du Chien.*

Ne serait-il pas venu de ces mots, ce vieux cri de **HARO** que quelques auteurs disent avoir été un cri de guerre, et que les anciens Normands conservèrent religieusement pour demander justice? Les meilleurs Etymologistes ont fait nombre d'histoires sur l'origine présumée de ce cri, celle-ci entr'autres: c'était, disent-ils, une invocation à Raoul, duc de Normandie, composée de l'exclamation **HA**, et du nom Raoul. Je le veux bien... Mais ne trouvez-vous pas certain air de famille entre **HARO** et **HOURA**, ce cri de guerre des Cosaques qui n'ont point eu, que je sache, de duc Raoul ?

Le Roulement belliqueux du tambouR qui conduit nos soldats à la victoire, ne serait-il pas une imitation de ce gRondement du Chien menaçant?

La tRompette guERRiÈRE ne fait elle pas Retentir indéfiniment, et sur tous les tons, cet HERR menaçant? Le vieux nom français de la trompette est ARAINE.

Je suis fort disposé à croire que primitivement on a dit :

Chanter un ER, un R, et non point un *air*.

De même que je ne serais pas étonné qu'on eut dit :

Avoir un R et non point un AIR;

R, *terme chronologique*, et non point ÈRE;

R, *train, allure,* et non point ERRE;

R *atmosphérique*, et non point AIR.

Ne serait-ce pas dans ces mots Celtes HERR, HARH, *cris du Chien*, qu'il serait bon de chercher l'origine des mots :

HHARATZ, *aboyer en remuant la langue,* en Hébreu;

HAREN, *crier*, en Teuton;

HARIOLUS, *devin, qui parle de l'avenir,* en latin;

HARangue, *HARmonie* etc. etc.;

HERban, *cri public* par lequel un souverain appelait ses vassaux aux armes;

HÉRaut, *noble crieur, interprète des Rois*;

pHARinx, *gosier;*

bAR, *chant*, en Teuton;

bAR, *énoncer, déclarer*, en Hébreu;

bER, *parole*, en Hébreu;

beARla, *parole,* en Irlandais;

bARbARel, *parler,* en Arménien;

fAR, *parole*, en Celte;

fARi, *parler*, en Latin;

fARautea, *interprète*, en Basque;

cARat, *cri*, en Chaldéen;

gARm, *cri de combat,* chez les Bretons;

mAHRe, *discours*, en Allemand;

pARole, en Français;

vERbum, *parole,* en Latin;

wORd, *parole*, *discours*, en Anglais;

wORt, *parole,* en Allemand;

ARsis, *élévation de la voix*, en vieux Français.

Court de Gébelin, à qui j'ai emprunté la plupart de ces mots, les a réunis pour prouver que les consonnes **B. P. F. V. M.** se substituent sans cesse les unes aux autres; il les rapporte tous au mot **BAR** qu'il croit être le mot primitif, mais la primauté appartient évidemment aux mots **HERR**, **HARH**, *cris du Chien*, car la lettre fondamentale de tous ces mots est la lettre **R**, et le mot qui se rapproche le plus de l'intonation **R** est certainement le mot **HERR** qui, lui-même, n'est autre chose que l'imitation parfaite du son que le Chien fait entendre. Au surplus, cette intonation, dite *Canine* par les Anciens, est si peu dans la nature de la voix humaine, que les enfants éprouvent une grande difficulté à la prononcer, et n'y parviennent qu'après plusieurs années d'efforts et de leçons souvent répétées.

Je trouve un autre exemple remarquable d'*Onomatopée Canine*, dans un verbe grec qui signifie *appeler*, *crier*, bOAO.

Les Chinois disent HAÔ, *crier*.

N'est-ce pas l'AbOI du Chien?

Avant de passer à une autre application des mots **HERR**, **ARH**, *d'origine Canine*, j'ai à parler du nom **HER**mès, que les anciens donnèrent à Mercure.

Sous ce nom ils ne désignèrent pas seulement, ainsi qu'on l'a dit, l'interprète des Dieux, le Dieu de l'Éloquence, mais aussi *le Dieu gardien*, LE CHIEN DE GARDE !

On appelait, HERMÈS, les statues de Dieux qu'on plaçait à l'entrée de certains édifices dont on leur confiait la garde; on en mettait dans les vestibules des maisons, dans les champs, sur les héritages, et chacun leur donnait le nom du Dieu auquel il vouait un culte particulier. Ces statues, qui n'étaient ordinairement que des pierres carrées, s'appelaient alors HERMAPOLLON, HERMERACLE, HERMANUBIS, etc., etc.

On a vu dans ces noms une réunion de deux divinités, Mercure et Apollon, Mercure et Hercule, Mercure et Anubis. Il paraît certain, en effet, que cette confusion a existé, mais il se pourrait que cela ne se fût fait que par suite de l'oubli des traditions primitives, et que, dans le principe, ces noms eussent signifié : Apollon *grondant*, *aboyant, faisant les fonctions de Chien de garde;* Hercule *grondantr* Anubis *grondant.* Ovide appelle Anubis, *latrato;* Anubis, *l'aboyant* Anubis; Bruce se sert également de l'expression *aboyant*, parlant d'Anubis.

Si le nom, HERMÈS, employé seul, signifiait Mercure, ainsi que cela est avéré, c'est que Mercure était le CHIEN DE GARDE *par excellence, au naturel.* Cela est si vrai, que parmi les statues proprement dites, HERMÈS, que le père Montfaucon a publiées dans le supplément de l'Antiquité Expliquée, on en voit une représentant *un Chien couché dans la posture du Chien de garde, tenant entre ses pattes un* CADUCÉE ET UNE LYRE, *attributs de Mercure* (Figure VI).

C'est une énigme, dit le père Montfaucon, *que je n'oserais tenter d'expliquer.*

Il existe dans le même ouvrage, *tom.* 2, *deuxième partie,* une statue de Mercure, trouvée dans les Gaules, près de Langres, représentant ce Dieu *avec des oreilles de Chien* (Figure VII).

A ceux qui douteraient encore, je montrerai ce portrait de Mercure (*Figure* VIII); il est vrai que M. de Caylus, qui a publié ce monument, pense que MERCURI est le nom de l'auteur; mais c'est une opinion personnelle qu'il est permis de ne pas partager, et lorsque je considère les proportions grandioses de ce nom et le mérite de l'œuvre, j'ai peine à croire à

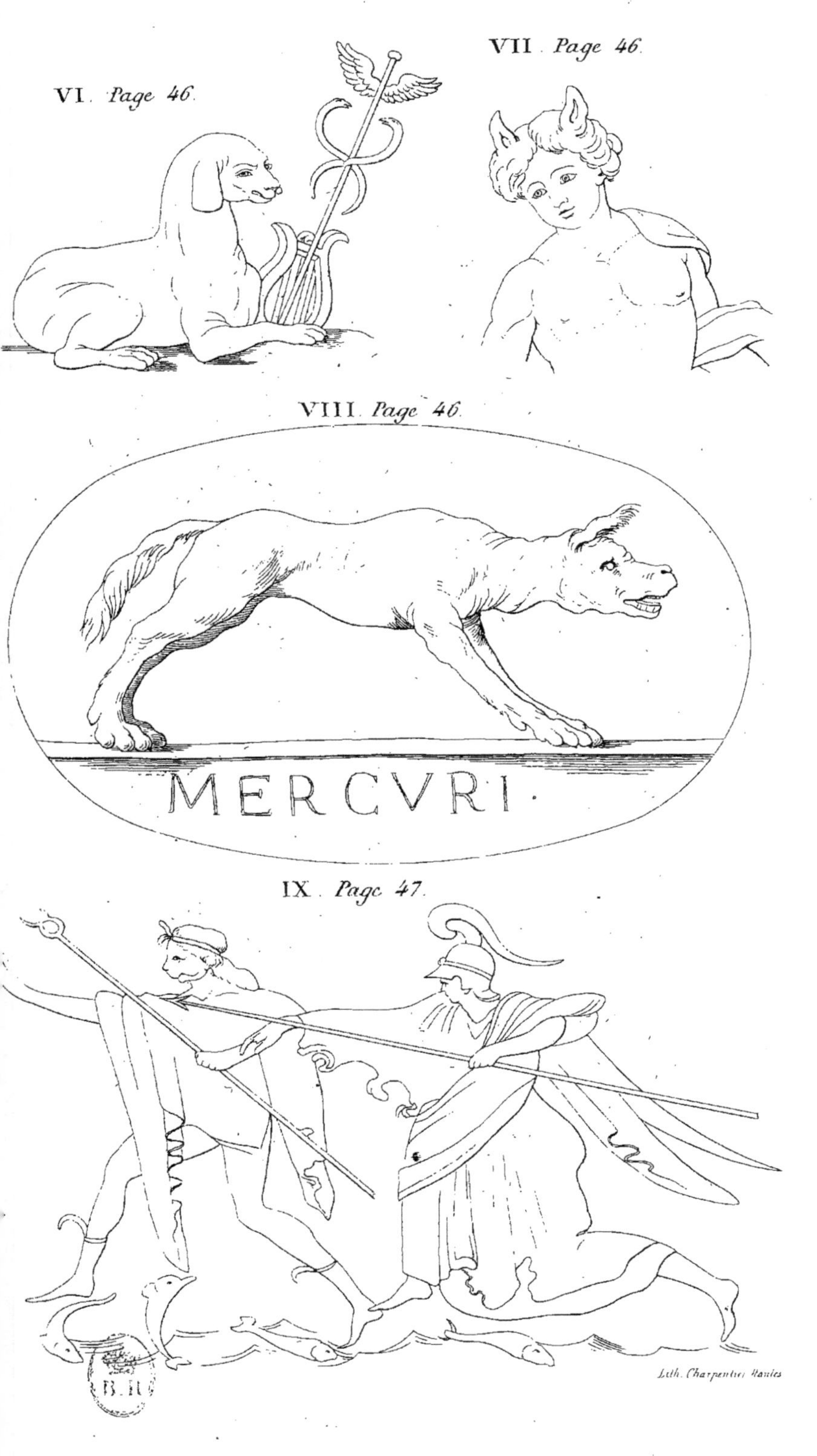
VI. Page 46.
VII. Page 46.
VIII. Page 46.
MERCVRI
IX. Page 47.
Lith. Charpentier Nantes

une telle aberration d'amour-propre artistique. Néanmoins si l'exécution des détails laisse à désirer, on doit reconnaître que l'attidude expressive de ce Chien représente admirablement l'R menaçant du concierge HERMÈS dans l'exercice de ses fonctions, et de tous les CHIENS-CONCIERGES et CONCIERGES-CHIENS en général.

Enfin, parmi les Antiquités Étrusques de M. de Caylus, on voit une scène très-vive entre Pallas et Mercure *représenté avec une tête de Chien!* (*Figure* IX)

Je n'hésite pas à restituer à la race Canine les dieux Lares, qu'on dit *fils* de Mercure.

Les dieux Lares, honorés à l'égal des Grands dieux, gardaient les maisons, les rues, les chemins.

Les Lares, dit Plaute, étaient représentés anciennement *sous la figure d'un Chien.*

Le père Montfaucon rapporte que plus tard *on se contenta de les vêtir de peaux de Chiens.*

Enfin on sait que plus tard encore on en fit de petites statues accompagnées *de la figure d'un Chien* qu'on honorait lui-même sous le nom de *Lare familier*.

Bref, quelques personnes en vinrent à graver simplement sur la porte d'entrée de leurs maisons, C. C. ce qui voulait dire, CAVETE CANES, *Craignez les Chiens*.

Les Lares s'appelaient GRONDILES.

Il est vrai qu'on dit que ce fut Romulus qui leur donna ce nom, *en l'honneur d'une Truie qui avait mis au monde vingt-sept petits cochons sans désemparer!*

J'avoue que mon intelligence ne saisit aucun rapport entre cet exemple de fécondité sans doute très-méritoire, et l'épithète GRONDILES donnée aux dieux Lares, épithète à laquelle la voix et les fonctions de ROZWALL lui donnent certainement des droits plus logiques.

Le dieu de la Guerre, que nous connaissons sous le nom de Mars, s'est appelé HARITS, en Egypte, HERS, chez les Celtes, ARÈS, chez les Grecs; l'L du dieu L-ARE, sera venu peut-être, comme l'M du dieu M-ARS?

Nous allons retrouver encore dans ces radicales **HERR**, **HARH**, *cris du Chien menaçant,* cette idée de puissance, de force, qui s'attache avec trop de persistance au Chien, et à ce qui est relatif au Chien, pour que la cause n'en soit pas recherchée.

HERR, *seigneur*, chez les Bretons.

HERR, *seigneur*, chez les Allemands.

HER, *seigneur*, en Teuton.

HERus, *maître*, en Latin.

HERi *cœlestes*, les Dieux, en Latin.

HÈRE, *seigneur,* en vieux Français; nous disons encore indifféremment *pauvre Hère* ou *pauvre Sire.*

ERi, *roi* à Taïti.

ARi**KI**, *roi,* chez les Cocos, peuple d'Amérique.

ARE, *père*, pÈRE, en Californie.

ERa, *le soleil,* à Taïti.

ERai, *le ciel, le front,* à Taïti.

HARd, *fort*, *vaillant*, en Gothique.

HARd, *fort*, *vaillant,* en Anglais.

HARd, *fort, vaillant,* en Flamand.

HARt, *fort, vaillant*, en ancien Franc.

HARt, *fort*, *vaillant*, en Allemand.

HAERd, *fort*, *vaillant*, en Suédois.

HÉARd, *fort*, *vaillant*, en Anglo-Saxon.

ARitz, *fort, terrible*, en Phénicien.

cARd, *courageux*, en Persan.

HARdi, HARdiesse, etc.

HARdier, *attaquer*, en vieux Français.

ARieter, *se battre*, *courir sur*, en vieux français.

HÉRos, HÉRoisme, HÉRôique etc.

HERR, *ARmée*, en Allemand.

HERT, *armée*, en Anglais.

HERd, *troupe de peuplades armées et errantes*, en anglais.

HORde, en Français.

HARelle, *armée*, en vieux Français.

ARmée, ARmure, etc.

HARane, *milice Hongroise.*

HARb, *guerre*, en Arabe.

WARd, *guerre*, en Lombard.

WER, *guerre*, en Celte, d'après Ménage.

guERRE, guERRier etc.

ARx, *citadelle*, en Latin.

ARce, *forteresse*, en vieux Français.

ARc, *arme primitive.*

ARquebuse, ARbalete, ARsegaye, *ancienne lance.*

ARsenal, *magasin d'armes.*

ARtillerie, ARtiller, ARtiste, ARt, etc.

HARmotte, *commandant d'une place de guerre,* chez les Spartiates.

ARRaiour, *maréchal-de-camp*, en vieux Français.

ARsch, *trône de Dieu,* en Arabe.

HARem, *lieu sacré, défendu,* chez les Arabes.

ARaous, *querelleur,* en Celte.

ARirer, *se mettre en colère*, en vieux Français.

ARamie, *furie,* en vieux Français.

ARengerie, *lieu d'assemblée tumultueuse.* v. fr.

ARène, *lieu de combat.*

HARer, *animer, inciter*, en vieux Français.

HARmier, *brandir une arme,* en vieux Français.

HARmas, *habillement d'un homme de guerre*, en vieux Français.

HARnois, *épée, bruit, tumulte*, en vieux Français.

HARRier, *molester*, *vexer,* en vieux Français.

HERaulder, *animer, inciter,* en vieux Français.

HERbout, *terme pour exciter,* en vieux Français.

HERme, *armure de tête*, en vieux Français.

HERitage, HERitier, etc.

ARdeur, ARRêt, ARRogant, etc.

HARouce, *orgueilleux,* en vieux Français.

ARRodes, *ancien nom des bourgeois de Paris.*

ARtéens, *nom primitif des Perses.*

HARmatan, *vent très-froid,* sur les côtes de Guinée.

bARbARe !

ÈReux, *colÈRe,* en vieux Français.

HERcer, *déchirer,* en vieux Français.

HERse, instrument de labourage dont les dents *déchirent la terre.*

HARballeur, *querelleur*, en vieux Français.

HARgouler, *prendre quelqu'un à la gorge,* en vieux Français.

HARgne, *dispute,* en vieux Français.

HARgnerie, se HARgner, HARgneux.

ARRaper, *prendre,* en vieux Français.

HERienner, ÉR*einter*, en vieux Français.

se HÉRisser, *se mettre en couroux*, en vieux Français.

ARdure, *fureur, désespoir,* en vieux Français.

ÉRafler, *déchirer*, en vieux Français.

ARéopage, *sénat souverain d'Athènes.*

ARa, *autel,* en Latin.

ARbitre, etc. etc.

Si j'ouvre le Dictionnaire de la Fable, je vois :

ARcas, ARéthuse, ARgo, ARgus, Chiens d'Actéon.

ARgus, Chien d'Ulysse.

ARgus, le *gARdien aux cent yeux.*

HAR, dieu des Indiens.

ERH, HERS, MERH, noms de Mars, chez les Celtes, d'après le père le Pelletier.

ARea, surnom, de Pallas guerrière.

AR-ARdus, dieu Gaulois.

ARes-KONi, dieu de la Guerre, chez les Hurons.

ARa-CANi, prêtres de la Nigritie (*Cérém. Relig.*).

HERthe, déesse des peuples du Nord.

HERmode, divinité des anciens peuples du Nord.

HERevis, Religieux Mahométans.

HERa, surnom de Junon qui, comme on sait, grondait souvent, et aimait à être maitresse au logis.

HERcule, symbole de la Force et de la Puissance.

Je rappellerai ici le principal surnom de ce dieu, Alcide, composé de al, qui, dans les langues orientales, représente notre article le, et de CIDe, *chef,* en Arabe, et *Chien*, d'après mon système.

Au reste le nom, Hercule, composé de HER et

de CULE pour **KYLE**, signifie *Chien grondant, menaçant.*

CHON était le nom d'Hercule, chez les Égyptiens.

Il ne faut pas oublier le redoutable gardien des Enfers,

C-ERBÈRE, *le Chien à trois têtes,* qui faisait sentinelle dans

l'ÉREBE, (ARAF chez les Orientaux) vestibule du

TARTARE, lieu des supplices étERnels, où se tenaient les Furies

ÉRICHTON, ÉRINNYS;

ÉRIS, déesse de la Discorde.

Etc., etc.

Revenant à l'application originaire, *Canine*, des intonations **HERR**, **HARH**, je rapporterai qu'en termes de vénerie, on dit :

HARE, pour exciter les Chiens de chasse, et qu'on nomme

HERBAUT, un Chien qui se précipite avec trop de violence sur le gibier.

Je rappellerai que chez les Indiens,

HERBÉ, est le nom du *chiendent*.

HARPE se dit *de la griffe du Chien.*

La HARPE du Chien n'aurait-elle pas servi de modèle à cette arme, nommée

HARPÉ, *épée recourbée*, dont Persée se servit pour ôter la vie à Méduse, et Mercure pour tuer Argus?

Faut-il chercher une autre origine aux mots :

HARPEAU, *grappin à quatre bras ;*

HARPON, *crochet ;*

HARPE, *instrument de musique, dont il faut pincer les cordes en recourbant les doigts ;*

HARPER, *ravir*, en vieux français ;

HARPAILLEUR, *filou, voleur ;*

HARPAGON, *avare aux doigts crochus ;*

HARPAYE, *oiseau de proie ;*

Se HARPAILLER, *se jeter l'un sur l'autre*;

HARPIÉE, HARPALOS, *Chiens d'Actéon* ;

HARPIES, *Chiennes de Jupiter* ;

Etc., etc.

Pourquoi cette intonation R, empruntée au Chien, joue-t-elle un rôle aussi important dans le langage de l'Homme ?

La raison en est tellement simple et vraisemblable, que lorsque je l'aurai dite, chacun sera surpris de n'y avoir pas songé.

Reportons nous aux premiers âges du monde, âges d'ignorance, auxquels les hommes après avoir oublié leur céleste origine, après avoir méconnu leur divin Créateur, crurent néanmoins à l'existence d'un Être puissant, INVISIBLE, Roi des Cieux qu'il habitait.

Le tonnERRE, ce bruit éclatant et terrible qui précède la foudre, ne dût-il pas être pris pour la voix menaçante de cet Être MYSTÉRIEUX, INCONNU?

Les éclats du tonnerre ne sont-ils pas précédés par un Roulement, ou gRondement, identique à celui que le Chien fait entendre lorsqu'il menace? La seule différence est dans la proportion.

Le Tonnerre dit: *RRRRRRRRRRRRRR*
le Chien : *rrrrrrrrrrrrrrrrrrrrrrrrrrrrrrrrrrrr*

Le Dieu des Poëtes, et la Poésie est ici, comme souvent, la pensée du peuple, le Dieu des poëtes et de l'ignorance, *darde des éclairs de sa prunelle irritée;*

IL GRONDE....... SA VOIX ÉCLATE....... *il lance la foudre!...*

Voyez ROZWALL, *son œil étincelle,* IL GRONDE..... SA VOIX ÉCLATE..... *il s'élance!!!*

Dans un Alphabet Arménien, en *écriture peinte*, publié par le Dictionnaire des Sciences, *c'est un* CHIEN *qui figure la lettre* R.

Remarquez aussi que l'époque pendant laquelle le tonnerre se fait habituellement entendre, est précisément l'époque pendant laquelle la constellation du Chien brille au firmament, époque des chaleurs caniculaires, orageuses, le mois d'**AOÛT**.

IÔH! IOU! IAÔ!

HOU! AOU! OUA!

Le mois d'Août! AOU... AOU... AOU...

Ne croit-on pas entendre l'aboiement des Chiens? Comment douter que ce mois fût consacré aux Chiens, lorsqu'on lit dans le père Montfaucon, à propos d'une Chienne célèbre qui se nommait Aura, AOURA, que Diane, la déesse de la Chasse, *couronnait au mois d'Août les Chiens qui avaient bien fait leur devoir pendant l'année!*

Le père le Pelletier rapporte que l'Automne, AOUTOMNE, saison de la chasse, portait, dans un dialecte Celtique, le nom de DIANEAUST! Ce mot ne signifie-t-il pas Diane criant AOU? Saison de Diane chassant *en aboyant?*

On dira que Juillet et Juin sont aussi des mois de tonnerre ; j'en conviens, mais Juin c'est IOUIN, Juillet c'est IOUILLET !

Et IOU, c'est Jupiter, IOU *le père*, IOU TONNANT, le Soleil !

IOU, c'est Junon, la femme de Jupiter, IOUNON, la Lune !

Le nom Celte de Jupiter est YAOU, YAU, YOU, *ar Rouë* YAOU, *le Roi* YAOU.

Court de Gébelin rapporte une inscription gravée sur un marbre trouvé près de Palmyre, commençant ainsi :

A IOU, TRÈS-GRAND ET FOUDROYANT, etc., etc.

AIOUM, *le soleil*, chez les Esquimaux.

AOUAL et HAOUAZ, *le soleil*, chez des peuples Arabes.

AHOUAN, *la lune*, chez des peuples Arabes.

HAOUL, *le soleil*, chez les Gaulois.

YOU-TI, YUTI, *le soleil*, chez les Péruviens.

IEOUDRA, *la lune*, en Samskreton, chez les Indiens.

HYAOUL, HOUL, *le soleil*, chez les Bretons.

AOU-R, *le soleil,* chez les Orientaux.

AOU-RINGA, *le soleil*, en Fionie.

YOUE, *la lune,* chez les Chinois.

IÔH, *la lune*, en Cophte.

IÔ, dit Jean Malala, *est un nom* MYSTIQUE *et* SECRET *que les Argiens donnaient à la lune.*

IOUL, *nom sous lequel les peuples du Nord célèbrent la nuit du solstice d'hyver.*

HOULI, *nom sous lequel les Indiens célèbrent l'équinoxe du printemps.*

IAOUAS, *nom des Prêtres,* dans la Floride.

HOUACA, *idoles et choses sacrées,* au Pérou.

IOKTAN et KATHAN, *père des anciens Arabes.*

YAOUAHOA, *le dieu du mal,* à la Guyane.

IOUMALA, *dieu souverain*, chez les Lapons.

OUDOUAGNI, *l'Être suprême*, chez un peuple d'Amérique.

IO-CANNA, *l'Être suprême,* au Mexique.

HOUMMA, *dieu souverain,* chez les Caffres.

IAÔ, dit Court de Gébelin, *est le nom de l'*ÊTRE PAR EXCELLENCE, au Canada.

IAÔ, d'après le père Montfaucon, *est un nom* CACHÉ, INEFFABLE, *qu'on voit écrit sur presque tous les Abraxas.*

HOU, est-il dit dans la Bibliothèque Orientale d'Herbelot, « *est le nom de Dieu, chez les Mu-*
» *sulmans. Ils mettent ordinairement ce mot au*
» *commencement de tous leurs ouvrages, et il se*
» *trouve en tête de tous les Rescrits, Passe-ports*
» *et lettres-Patentes des Princes et des Gouverneurs*
» *Mahométans.*

» *Ceux qui font profession d'une vie très-reli-*
» *gieuse, en font l'entretien de leur dévotion; ils*
» *le prononcent souvent dans leurs prières et dans*
» *leurs élévations d'esprit: il y en a qui le répètent*
» *si souvent, et avec tant de force, en criant sans*
» *intermission* HOU, HOU, HOU, *qu'à la fin,*
» *ils s'étourdissent et tombent souvent dans des*
» *syncopes qu'ils appellent extases.*

» C'EST UN MOT, *disent ces illuminés*, QUI NE SE
» RAPPORTE A AUCUN AUTRE, ET AUQUEL TOUS
» LES AUTRES SE RAPPORTENT !! »

On lit dans le Dictionnaire de la Fable, par F. Noël, au mot, O'M, que *les lettres*

A, U, M, *placées dans cet ordre, forment un mot mystérieux exprimant la Trinité Indienne;*

mot si vénéré qu'il n'échappe jamais des lèvres d'un pieux Indou, qui le médite en silence.

C'est sans doute ce mot que Sonnerat ne put pas parvenir à connaître, et du quel il dit dans son Voyage aux Indes : *il est composé d'une ou deux syllabes; l'Initié doit le répéter, s'il le peut, cent ou mille fois par jour, mais toujours dans le plus profond secret, en évitant soigneusement de faire voir le mouvement de ses lèvres. L'oublie-t-il? Son* GOUROU (prêtre indien) *est le seul à qui il puisse le demander: il ne peut dire ce mot sacré à personne, pas même à un autre Initié. Cependant il lui est permis de le proférer à l'oreille d'un Initié agonisant, afin que cette prière étant entendue du mourant, il soit sauvé.*

C'est dans cette Religion que les morts sont enterrés avec du chiendent !

Chaque siècle a vu nombre de savants qui ont consacré leurs veilles à s'efforcer de soulever le voile mystérieux sous lequel ce nom sacré, aussi vieux que le monde, cache son origine. Vains efforts ! la science a dû s'avouer vaincue.

Quelques opinions ont été présentées, mais trop ingénieuses pour être vraisemblables. Les hommes instruits qui se sont occupés de l'origine du langage ont eu quelquefois le tort, ce me semble, de prêter aux hommes primitifs autant d'esprit et d'érudition qu'ils en avaient eux-mêmes. Ainsi le célèbre auteur des Voyages du Jeune Anacharsis a vu dans le mot IAÔ une désignation de la puissance du soleil ou de la chaleur ; *l'*I, dit-il, *était chez les Grecs la lettre symbolique de l'astre du jour, et l'Alpha et l'Oméga, dont l'un commençait et l'autre terminait l'alphabet grec, annonçaient que* IAÔ, *ou la chaleur, était le principe et la fin de toutes choses.*

Il est évident que IAÔ, variante du IÔH Cophte, du HOU des Musulmans, etc., n'est point un mot Grec, mais UNIVERSEL, PRIMITIF ; et lorsque les hommes, encore sauvages et ignorants, adoptèrent ce nom sacré auquel se rattache certainement celui de DIEU, dIeOU, je ne puis pas admettre qu'ils aient été dirigés par les raisonnements abstraits d'une philosophie éclairée, mais par des causes qui, en frappant vivement leurs sens, laissèrent des traces profondes dans leur imagination.

X. Page 67.
XI. Page 71.
XII. Page 65.
XIII. Page 77.
XIV. Page 104.
Charpentier Sculp.

Rozwall en sait, je crois, plus que les savants sur ce sujet, et je ne doute pas, qu'avec son aide, nous ne devinions l'énigme devant laquelle les siècles se sont inclinés.

Court de Gébelin rapporte que quelques anciens peuples, et même les Mexicains, les Péruviens, les Caraïbes et autres peuples d'Amérique, *célébraient la nouvelle lune en criant*, HURLANT.

L'abbé Banier s'exprime ainsi dans les Cérémonies Religieuses :

Lorsque la lune s'éclipsait, les Péruviens attachaient des Chiens à des arbres, et leur donnaient de grands coups de fouet pour les obliger de crier si haut, que la lune, qu'ils croyaient évanouie, et qui aimait ces animaux, à cause des services signalés qu'ils lui avaient rendus autrefois, fût obligée de se réveiller à leurs cris. (Fig. XII).

Ce peuple appelle la lune QUIlla ! et le soleil YOU-TI ! (*Dict. de F. Noël.*)

Les Péruviens, est-il dit dans le Dictionnaire de la Fable, par Fr. Noël, *prétendent que les marques noires qu'on aperçoit dans la Lune, avaient été faites par un* RENARD *devenu amoureux d'elle, et qui, ayant monté au ciel, l'embrassa si étroitement qu'il lui fit ces taches à force de la serrer.*

Tout le monde sait qu'il existe de notables rapports entre le Chien et le Renard, et qu'il y a de nombreux exemples, constatés par les naturalistes, de l'accouplement de ces animaux.

Qui ne connaît pas ce singulier usage, inné chez les Chiens, **D'ABOYER A LA LUNE ; DE S'ASSEOIR, LA TÊTE ÉLEVÉE VERS CET ASTRE, ET DE POUSSER, EN CETTE POSTURE, DE LONGS ET PLAINTIFS HURLEMENTS !**

YOUDAL signifie *hurler,* en Celte, d'après le père Grégoire.

Ce mot a été fait par onomatopée, car le son **IOU**, imite admirablement le hurlement du Chien.

HIAÔ se dit du *hurlement des Chiens*, chez les Chinois.

Les sons **OU**, **AOU**, **OUA**, imitent plus spécialement l'aboiement. Ces nuances sont parfaitement distinctes; une oreille attentive les saisit facilement.

Lorsque les Égyptiens, dit Horus Apollo, *veulent exprimer l'idée de la nouvelle lune, ils représentent un* CYNOCÉPHALE *debout, la tête ornée d'un diadême, levant les mains au ciel. Ils le peignaient ainsi, parce qu'il semble que cet animal veuille féliciter la lune de ce qu'elle ramène sa lumière.*

D'autres prétendent que *le Cynocéphale perdait la vue pendant la conjonction du soleil et de la lune, et qu'il adressait alors des prières à la déesse, afin qu'elle la lui rendît, en se dégageant des rayons du soleil. Telle fut,* disent-ils, *la cause du culte que les Égyptiens rendirent au Cynocéphale.*

Mais qu'est-ce qu'un Cynocéphale? (*Figure* X, *d'après le père Montfaucon, le comte de Caylus et Pierrius Valerianus.*)

Ce mot est composé de deux mots grecs, KUNOS, génitif de KUON, *Chien*, et KEPHALÊ, *tête*, c'est-à-dire TÊTE DE CHIEN.

Le Cynocéphale des Egyptiens, disent les Historiens,

est un Singe à tête de Chien, et, notez bien ceci, A LONGUE QUEUE.

Les Naturalistes reconnaissent effectivement une espèce de Singes dont la tête offre quelqu'analogie avec celle du Chien dogue, et qu'ils ont nommés à cause de cela, *Singes Cynocéphales*. Mais, s'il faut en croire Buffon, le *Singe Cynocéphale* des Naturalistes appartient à l'espèce des MAGOTS, espèce dont le caractère particulier *est de n'avoir pas la moindre queue,* tandis que le Cynocéphale des Egyptiens, au dire des Historiens, et d'après les monuments anciens, *était orné d'une fort jolie queue!*

Ceci me remet en mémoire cette charade bien connue: *quel est l'animal qui a une tête de Chien, et qui n'est pas un Chien; une queue de Chien, et qui n'est pas un Chien?*

Le Cynocéphale se représentait quelquefois assis; *alors il était l'hiéroglyphe des deux équinoxes, parce qu'on croyait*, ceci est copié textuellement, *qu'il rendait son urine douze fois la nuit, par intervalles égaux; ce qui avait donné lieu,* disait-on*, à la division des heures!*

Le père Montfaucon dit qu'on voit des Abraxas représentant un temple au sommet duquel est le nom IAÔ; *à droite et à gauche sont deux Cynocéphales debout, tenant les mains élevées vers le nom* IAÔ *qu'ils semblent regarder avec vénération!*

Peut-on douter encore que le nom primitif de la lune, le nom Cophte **IÔH**, ait été emprunté à la Langue des Chiens?

Néanmoins il faut être juste envers tout le monde, et je dois reconnaître que ce sont certainement des Singes qui, sur quelques monuments d'Égypte, sont représentés en adoration devant la lune. Mais je crois que ces monuments n'appartiennent pas à la plus haute antiquité de l'Égypte, et que les Singes qu'ils représentent, s'ils avaient une tête de Chien, ainsi qu'on l'a universellement reconnu, participaient aussi de la race canine par l'organe de la voix; je crois qu'ils appartenaient au genre des SINGES HURLEURS, ainsi nommés par les Naturalistes, à cause des hurlements qu'ils font entendre d'habitude pendant la nuit.

Une autre espèce de Singes fut particulièrement

honorée chez les Chinois; elle est connue sous les noms de **Malbrouck** et de **Bonnet Chinois**. Le caractère distinctif des individus de cette espèce est qu'ils disent ***souvent à voix haute et distincte*, HOUP, HOUP, HOUP!** (Buffon).

Ce fut certainement à ces accents identiques à ceux du Chien, à cette intonation sacrée, **HOU**, que les Singes ont dû la vénération des Orientaux, et leur admission dans les temples.

Certains Singes ressemblent singulièrement aux Chiens, les uns par les formes du corps et leur fourrure d'Épagneul, les autres par la tête, et aussi par la queue, car quoiqu'en dise Buffon, il existe des Singes à longue queue, auxquels il a refusé, je ne sais pourquoi, le nom de Cynocéphales, dont la tête a beaucoup plus d'analogie avec celle du Chien primitif que la tête du *Cynocéphale proprement dit*. Tels sont, le **Singe a museau allongé** et le **Babouin a museau de Chien**, dont je trouve la description dans Buffon même qui dit, en parlant de ce dernier : *il a le museau très-allongé, semblable à celui du Chien, ce qui lui a fait donner sa dénomination; ses oreilles* *sont pointues et cachées dans le poil; il a le corps couvert d'un poil épais et long, la queue velue, plus mince vers l'extrémité qu'à son origine; il se trouve en Arabie, en Abyssinie, en Guinée et dans tout l'intérieur de l'Afrique jusqu'au Cap de Bonne-Espérance, où l'on s'en sert quelquefois comme de* CHIEN DE GARDE.

Buffon n'a pas dessiné ce singe, mais cette description suffit pour faire apprécier ses rapports extérieurs avec le Chien, et s'il remplit les fonctions de Chien de garde, c'est qu'il en a, sans aucun doute, les accents et les instincts.

La figure n° XI représente la tête du SINGE A MUSEAU ALLONGÉ.

On peut croire que les anciens peuples considérèrent les singes comme une variété du Chien, surtout si l'on fait attention que les espèces nombreuses de singes, qu'on remarque aujourd'hui, ne sont certainement dues, ainsi que celles de la race canine, qu'à des croisements multipliés. Les singes primitifs, ainsi qu'on l'a remarqué pour toutes les races dégénérées, furent, sans doute, de grands animaux. Or, le BABOUIN A MUSEAU DE CHIEN, ayant, d'après Buffon, un mètre soixante-six centimètres (*cinq pieds*) de hauteur, *debout*, appartient évidemment à une des plus grandes espèces connues, et par conséquent aux plus anciennes.

On ne peut plus douter que les singes furent assimilés aux Chiens, lorsqu'on lit dans le Dictionnaire Chinois de M. de Guignes, que ce peuple appelle

KUEN-HEÔU, c'est-à-dire, CHIEN HEÔU, *un singe;*

KUEN-TSU, *une espèce de singe;*

KUEN-NAO, *un singe qui aime à monter sur les arbres;*

KUEN-MY, *un singe de la grande espèce;*

KUEN-KIO, *un singe approchant de l'Homme;*

Le nom générique du Singe, en Chine, est donc KUEN, *Chien*, dérivé du mot primitif KI, desquels est venu sans doute le nom de *Singe*, et non pas comme on l'a dit du mot latin SIMILIS, *semblable*, à cause de l'instinct d'imitation de ces animaux. Je crois plutôt que ce fut le nom générique du Singe qui donna naissance aux mots latins *Simia, similis,* et à leurs dérivés :

SIMILITUDE, SIMULACRE, SEMBLABLE, etc.

Ainsi qu'aux mots:

SINGulier,

SINueux,

SIMagrée,

SIMultané,

SEMillant,

SINGA, *nom de Pallas*, chez les Phéniciens.

L'ancien nom Français du Singe est QUIN.

On sait que parmi les Animaux Sacrés, chez les Égyptiens, le Chat occupait une première place. Quiconque égratignait un Chat, était à l'instant même lacéré, écharpé par la multitude en furie. Le Chat fut le symbole d'Isis, qui était elle-même le symbole de la Lune; les portraits de cette déesse la représentent habituellement en compagnie d'un chat, à moins qu'elle n'ait une propre figure de chatte, ce qui se voit souvent.

Plutarque rapporte, avec le plus grand sérieux, que les Égyptiens avaient comparé les chattes à la Lune, *parce qu'ils avaient remarqué qu'elles faisaient autant de petits qu'il y a de jours dans un mois lunaire, et que les portées étaient assu-*

jetties à la progression naturelle des nombres, depuis l'unité jusqu'à vingt-huit; c'est-à-dire que, dans la première portée elles mettaient bas un petit, dans la seconde, deux, dans la troisième, trois, et ainsi de suite jusqu'à ce que le nombre de vingt-huit fût rempli!

N'aimez-vous pas mieux croire que les Chats durent la vénération profonde des Égyptiens à cet accent plaintif et mélodieux avec lequel ils prononcent si distinctement le nom *mystique, ineffable et secret d'*IAÔ !...

MIAÔ... MIAÔ... quelle admirable onomatopée! Si le **IÔH** des Chiens, nom primitif de la Lune, est devenu **IAÔ**, le **MIAÔ** des Chats fut certainement la cause de cette variante.

Les Chinois appellent le chat **KUEN** MIAÔ, CHIEN MIAÔ! (*de Guignes*).

Remarquez, en passant, quelle signification différente entre les mots dérivés des cris du Chien, et ceux qui se rapportent au doucereux

MIAÔ du Chat:

MIEL,

MIE, pour amie,

MIETTE,

MIEUX,

MIÈVRE, vieux mot qui signifiait *malicieux*,

MIGNARD,

MIGNON,

MIJOTER,

MIJAURÉE,

MILIEU,

Etc, etc., etc.

Je ne connais pas, par ma propre expérience, le langage des Loups, qui jouirent aussi d'une immense considération chez les Égyptiens, mais il est de notoriété publique qu'ils *chantent* à l'instar de ROZWALL, et qu'ils ont même un IOU très-remarquable. Ce mot sacré a pu seul leur valoir les honneurs de l'apothéose, car on conviendra que leurs œuvres ne sont pas de celles qui donnent place au ciel.

Il n'est pas besoin de consulter le Dictionnaire Chinois pour savoir que le Loup fut classé parmi les Chiens.

Personne n'ignore combien fut grande la vénération

des Égyptiens pour l'Épervier. Ils croyaient ne pouvoir rien faire de plus agréable à Osiris, symbole du Soleil, que de le représenter avec une tête d'Épervier. On a attribué cette superstition au vol rapide, élevé, de cet oiseau, et à la fixité de son regard. Mais ces caractères appartiennent à beaucoup d'oiseaux de proie qui sont infiniment plus dignes de remarque que l'Épervier dont la taille est médiocre.

Voici ce que rapporte Buffon, non pas relativement à l'Épervier, mais au Coucou.

« Le peuple disait il y a vingt siècles, comme il » le dit encore aujourd'hui, que *le* Coucou *n'est* » *autre chose qu'un petit* Épervier *métamorphosé.* » Du temps d'Aristote on savait déjà que cet oiseau » ne fait pas de nid, qu'il dépose ses œufs dans le nid » des autres oiseaux; qu'il commence à paraître » et à se faire entendre dès les premiers jours du » printemps; qu'il se tait pendant la Canicule. — Le » Coucou d'Égypte s'appelle HOU-HOU; il *s'est* » *nommé lui-même, car son cri est* HOU, HOU, » *répété plusieurs fois de suite sur un ton grave.* »

La Mythologie nous apprend que le Coucou était consacré à Jupiter.

« *L'air étant devenu extrêmement froid,* dit-elle, *Jupiter se changea en Coucou, et alla se réchauffer sur le sein de Junon. Le mont Thorax, où cette aventure se passa, fut depuis ce temps appelé le mont du* Coucou. »

Cette fable est parfaitement représentée par la figure n° XIII, que j'ai prise dans l'ouvrage de M. de Caylus qui n'a su quelle explication lui donner. L'oiseau qu'on voit au milieu du disque de la lune est évidemment le Coucou réfugié sur le sein de Junon, pour s'y abriter contre le froid.

A l'approche de l'hiver, le Coucou cesse effectivement de se faire entendre et de paraître. Ce fut sans doute cette disparition qui donna également naissance à la fable populaire de sa transformation en Épervier, fable à laquelle prêtèrent de notables ressemblances, signalées par Buffon, entre ces deux oiseaux.

D'ailleurs, pourquoi de bons esprits, même, n'auraient-ils pas cru à cette transformation qui, après tout, serait moins extraordinaire que celle des chenilles et des larves, en papillons, hannetons, etc.

Me voici arrivé aux Scarabées, qui jouèrent un rôle si important dans l'Idolâtrie Égyptienne.

Notre intelligence reste confondue en présence d'un culte aussi ridicule, en présence d'un peuple entier, d'hommes dont quelques uns furent renommés par leur sagesse et leur savoir, en adoration devant un insecte.

C'est ici que l'Allégorie va apparaître saisissante, et consacrer, en quelque sorte, le système que je présente.

L'examen des monuments Égyptiens suffit pour constater que les adorations de ces peuples s'adressèrent *à la tête* des Chiens, des Chats, des Éperviers, des Singes, des Loups, etc. On ne voit jamais Anubis avec un corps de Chien et une tête d'homme, jamais Osiris avec un corps d'Épervier et une tête d'homme, jamais Isis avec un corps de Chatte et une tête de femme. Ces dieux ont toujours un corps humain avec une tête de Chien, d'Épervier, de Chatte, etc.

Au contraire, jamais la tête du Scarabée n'a paru sur les épaules d'un dieu d'Égypte.

Cette circonstance suffirait pour repousser cette supposition de quelques auteurs, que le Scarabée dut les hommages des peuples *à la grande ressemblance de son visage avec celui du... Chat.*

Ce que les Égyptiens adorèrent dans le Scarabée, ce qu'ils lui prirent pour en parer les épaules de leurs dieux, pour en faire l'ornement sacré de leurs temples, *ce furent ses ailes, non pas fermées, mais toujours éployées, faisant entendre avec une énergie remarquable, incessante, le* ***HOU*** *sacré que produit le vol des insectes* bOURdonnants !

Qu'elle est la jeune fille dont le cœur n'a jamais palpité en écoutant le doux ROUCOUlement d'un amOUReux tOURtereau? (*en Latin*, turtur, TOURTOUR).

Cet oiseau divin était consacré à Vénus!

Quel soldat placé en sentinelle, par une nuit obscure, sous les tours délabrées d'un antique manoir, n'a jamais éprouvé un sentiment involontaire de répulsion, sinon d'effroi, en entendant tout-à-coup le lugubre HOU de la chOUette ?

Cet oiseau divin, à l'air rechigné, aux mœurs sauvages et carnassières, était l'emblème favori, inséparable, de Pallas, prude et guerrière!

La Chouette s'appelait *Huette,* HOUETTE, dans notre vieux langage.

Dira-t-on que ce nom lui fut donné à cause du rapport de son cri avec le verbe HUER? N'est-il pas présumable, au contraire, qu'on a fait le mot *huer,* par imitation du cri de la Chouette, autrement nommée CHAT-HUANT, appellation qui, d'après le système de classification des Chinois, équivaut à CHIEN-HUANT, puisque, chez eux, le Chat n'est qu'une variété du Chien, un CHIEN MIAULANT. Au reste en ayant égard à cette substitution si fréquente de l'H au K, on retrouverait peut-être cette pensée dans un autre nom de la Chouette, celui de HI-BOU!

Le Hibou, d'après le père Montfauçon, est en odeur de sainteté auprès des peuples de la Sibérie.

KI-BOU est le nom d'un oiseau vénéré au Mexique, d'après l'auteur des Cérémonies Religieuses.

Cet auteur rapporte que les Virginiens respectent

beaucoup un oiseau qui répète continuellement le mot PAOUORANCES, nom qu'ils ont donné à leurs autels !

OU-ERR-OOUANCE, est le titre de leurs princes !

Léry, voyageur Français, raconte que les Brésiliens ont en vénération un oiseau dont le cri lugubre a fait naître parmi eux la croyance qu'il apporte des nouvelles des morts. Buffon appelle cet oiseau COUROUCOU; son cri, dit-il, est OUROUCOAI.

Il est utile que je fasse connaître quelques mots appartenant à la famille IOU et à ses variantes, mots exprimant toujours, *force, puissance,* ou se rapportant *à la production des sons :*

IOU, *je*, *moi*, en vieux français.

IOUGE, *juge.*

IOUR, *jour,* (IAUM, en Arabe.)

IOURER, *jurer.*

IOUIR, *jouir.*

IOIE, *joie.*

IOUER, *jouer.*

IOUBEO, JUBEO, *commander*, en Latin.

IOUBAR, JUBAR, *éclat des astres*, en Latin.

IOUGIS, JUGIS, *perpétuel*, en Latin.

IOUS, JUS, *droit*, *ce qui est réglé par les lois divines et humaines*, en Latin.

IOUSTA, JUSTA, *derniers devoirs*, *funérailles*, en Latin.

IOUVO, JUVO, *aider, secourir*, en Latin.

IOU, *nom des ayeux,* chez les Bretons.

AYEOUX, *ayeux.*

AIOn, *âge*, *durée*, en Grec.

AIOnios, *éternel*, en Grec.

AIOU, *toujours,* en Goth.

tOUIOURS, *toujours.*

EOU, EU, *toujours*, en Gallois.

EOUIG, *éternel,* en Allemand.

EOUOUO, EUUO, *éternité*, en Theuton.

ŒD, *temps*, en Gallois.

ŒD, *temps*, *âge*, en Hébreu.

EEOUWE, EEUWE, *siècle*, en Flamand.

HOU, *père*, en Chinois de Canton.

mOU, *mère*, en Chinois de Canton.

OUME, *homme*, en vieux Français.

AOUTEUR, *auteur*, le CRÉATEUR.

OURANOS, *le ciel*, en Grec.

OUnuntio, *nom de l'Être suprême*, chez les Iroquois.

OUika, *génie redouté*, chez les Esquimaux.

OUiakOU, *oiseau très-vénéré,* au Mississipi.

HOUars, *oiseau sacré*, dans la baie d'Hudson.

OUvane, *nom de Minerve*, chez les Allobroges.

YOURte, *chapelle de quelques idolâtres*, en Sibérie.

AOUtel, autel, *table des sacrifices.*

IOUhles, *génies*, chez des peuples du Nord.

AOUli auli, *idoles Africaines.*

OUAllER, Waller, *dieu de la Valeur*, (ualeur, OUAleOUR,) chez les Scandinaves.

OUAl-KY-Ries, Walkyries, *déesses*, chez les Scandinaves.

OUAlhalla, Walhalla, *paradis*, chez les Scandinaves.

pER-OUn, Peroun, *dieu du Tonnerre*, chez les Slaves.

KOUTKOU, *Dieu créateur*, chez les Kamtschadales.

AOUlia, aulia, *les Saints*, en Musulman.

AOUsaf, ausaf, *livre sacré*, en Perse.

AOURAD, *section de l'*Alcoran.

AOURER, *prier*, *adorer*, en vieux Français.

AIOURER, *conjurer*, en vieux Français.

HOUAMES, secte de Mahométans, dont les mœurs, que la pudeur me défend de décrire, sont éminemment canines.

AOUGURE, AUGURE, *prophète*, chez les Romains.

OURICATI, *fêtes Indiennes*, *avant la pleine lune d'août.*

EA-TOUA, *dieu*, *Génie*, à Taïti.

LA-TOU, *un prince*, chez les Cocos.

LA-TEOUW, *un roi*, à la nouvelle Guinée.

RA-TOU, *un chef*, en Malayen.

AOUGUSTAT, AUGUSTAT, *dignité*, chez les Romains.

IOUNKARE, *gouverneur*, chez les Lapons.

AOUCACUC, AUCACUC, *tyran*, au Pérou.

AOUTOCRATE, AUTOCRATE, *titre* du Souverain de la Russie.

HAOUTESSE, HAUTESSE, *titre d'honneur* de l'empereur Turc.

AOUTA, *coiffure des anciens rois* du Mexique.

AOURENK, AURENK, *trône royal, entendement,*

sagesse, ordonnance et disposition convenable des choses, chez les Perses.

OUkase, ukase, *décret impérial*, en Russie.

OUlogénie, *code de lois*, en Russie.

OUlema, *corps de savants religieux et civils*, chez les Turcs.

OUmARa, *puissant*, à Taïti.

OUipi, *haut*, chez les Caraibes.

YOUpo, *seigneur*, chez les Galibis.

AOUtime, autime, *très haut*, en vieux Français.

AOUsen, ausen, *nom que les Goths donnaient à leurs généraux*.

TAOU, *tête*, en Chinois de Canton.

KOUH, *puissance, force*, en Hébreu.

KOU, *puissance*, *force*, en Persan.

QUOUè, *puissance, force*, en Valdois.

QOUEO, queo, *pouvoir*, en Latin.

AOUtrOU, *seigneur*, en Breton.

AOUr, *or*, *métal*, en vieux Français.

AOUl, aul, *valeur*, en Hébreu.

AOUn, aun, *honneur*, en Hébreu.

AOUzor, *honneur*, en vieux français.

AOUlé, aulé, *cour des Rois*, en Grec.

AOUsé, *osé, hardi,* en vieux Français.

AOUk, auk, *combat*, en Hébreu.

AOU-CANI, aucani, *combattre,* au Pérou.

HOUst, *guerre,* en vieux Français.

HOUssard, *cavalier* Hongrois.

HOUlan, *cavalier* Tartare.

AOUrites, aurites, *ancien nom* des Égyptiens.

AIOUme, aiume, *armure de tête, heaume,* en vieux Français.

AOUsber, *cuirasse,* en vieux Français.

AOUqueton, auqueton, *casque militaire*, en vieux Français.

AOUgARde, augarde, *avant-garde*, en vieux Français.

AIOUwe, aiuwe, *aide*, *secours*, en vieux Français.

s'AOUrcer, *se jeter sur quelqu'un*, en vieux Français.

AOUferrant, *cheval de bataille,* en vieux Français.

AOUn, *épouvante*, en Celte.

AOUtan, autan, *vent impétueux.*

HOUvari, *vent destructeur*, en Amérique.

OUragan, *tempête furieuse.*

OUran, *monstre fabuleux.*

AOUra, aura, *nom d'une Chienne de chasse célèbre dans l'Antiquité.*

HOUret, en termes de vénerie, *Chien de chasse qui aboie à tout propos.*

HOUraillis, *meute de Chiens.*

HOUaye, *terme de chasse.*

OUaignon, waignon, *Chien, gros mâtin*, en vieux Français.

HOU, HOU, APRÈS, *cri de vénerie.*

AOUelié, *berger, pâtre*, en vieux Français.

HOUle, *nom du Chien de mer*, à Harfleur.

HOUpper, *appeler*, terme de chasse.

HOUP-OU, *tribunal souverain*, chez les Chinois.

AHOU-CHIer, *appeler*, en vieux Français.

AOUd, *crieur public*, en Éthiopien.

HAÔ, *crier*, en Chinois.

AOUla, aula, *nom d'un temple consacré à Pan, dieu des Bergers, dans lequel se réfugiaient les brebis poursuivies par les loups qui n'osaient en approcher.*

AOULOS, AULOS, *flûte*, en Grec. Ce fut Pan, dit-on, qui inventa la flûte.

HOUEN, *instrument de musique*, chez les Chinois.

HOULE, *hule*, *grand bruit*, en vieux Français.

cOUL, *la voix*, en Arabe.

vOUEZ, mOUEZ, *la voix*, en Celte.

OUtOU, *la bouche*, à Taïti.

HOOU, *la bouche*, en Chinois de Canton.

gOUenOU, *la bouche*, en Breton.

OUs, *oreille*, en Grec.

EOUL, *oreille*, en Chinois.

OUHHO, UHHO, *oreille*, en Esclavon.

OUCHO, UCHO, *oreille*, en Polonais.

AOUDEN, AUDEN, *oreille*, en Chaldéen.

AOURIS, AURIS, *oreille*, en Latin.

AOUSO, AUSO, *oreille*, en Goth d'Ulphilas.

ÔRA, *oreille*, en Suédois.

OOR, *oreille*, en Flamand.

AOU, *écoute*, en Éthiopien.

OUIR, *entendre*.

AOUDIENCE, AUDIENCE.

Etc., etc.. etc.

Je citerai encore les mots latins :

AOU-RIGO, AURIGO, *conduire un char*, composé vraisemblablement de AOU et de REGO, *conduire*, c'est-à-dire, *conduire en disant* AOU ! GARE !

AOUCTO, AUCTO, *augmenter*, AOU*gmenter*.

AOUCTORITAS, AUCTORITAS, *autorité*, AOU*torité*.

AOUDAX, AUDAX, *audacieux*, AOU*dacieux*.

AOURUM, AURUM, *l'or*.

Etc., etc.

J'appellerai encore l'attention sur le nom générique de la race ailée qui, douée du privilége de s'élever vers les cieux, parut avoir des rapports suivis avec l'Être AOUteur par excellence, le nom d'*oiseau* pour OAseAOU, *avis* pour *auis*, AOUis, en latin, *eün* pour eOUn dans un dialecte Breton, d'après le père Grégoire. Je signalerai aussi avec Buffon les noms particuliers de quelques-uns des oiseaux les plus remarquables à divers titres :

AOUKEB, AUKEB, le Grand Aigle, en Arabe.

OUROUA, le Vautour, à Cayenne.

HOUAOU, HUAU, le Milan, en vieux Français.

AOUKOH, le Héron, en Persan.

AOURIOU, le Loriot, en vieux Français.

AOURENDOLA, l'Hirondelle, en Catalan.

AOU-VOGEL, le Rossignol, en Autriche.

AOUDOUA, AUDUA, le Roitelet, en Islande.

Etc., etc., etc.

Je m'arrête, non pas parce que la matière est épuisée, mais au contraire parce qu'elle est inépuisable, et je m'incline, en admirant la justesse de cette définition des Fakirs Musulmans :

HOU EST UN MOT DIVIN, QUI NE SE RAPPORTE A AUCUN AUTRE, ET AUQUEL TOUS LES AUTRES SE RAPPORTENT !

Ne serait-on pas tenté de croire que certains adeptes en savent plus long qu'ils n'en disent !

CHIEN-SOLEIL.

J'ai parlé trop longuement de la Lune, pour ne pas dire quelques mots du Soleil. Néanmoins avant d'arriver à l'astre du jour, je dirai encore, pour l'instruction de ceux qui n'en savent pas plus, sur toutes ces choses, que je n'en savais moi-même hier, qu'on croit généralement que la Lune fut en plus haute estime que le Soleil, chez les premiers peuples. Je le conçois en considérant les formes diverses sous lesquelles la lune paraît à nos yeux, ses courses vagabondes, son emploi de flambeau céleste au milieu des ténèbres, et l'influence que l'opinion publique lui attribue encore en beaucoup de cas. Quoiqu'il en soit, on tient pour probable que la lune fut le premier astre qui reçut les adorations de l'Homme; et les ancêtres de Rozwall ne furent peut-être pas étrangers à l'origine de ce culte.

Avant le mariage de la Lune et du Soleil, on crut que ces astres étaient frères, et la Lune fut adorée, *au masculin*, sous le nom de Lunus.

« Le *soleil*, haül, *chez les Gaulois, se dit* haul, » houl, hyaul, *chez les Bretons; il s'y est nommé* » *aussi* sul *se prononçant* soul. »

Ceci est tiré textuellement du Dictionnaire Breton du père Grégoire de Rostrenen qui ajoute : *de* soul *est venu* di-sul, *jour du Soleil; de-là* soule, soulerie, *jeu institué en l'honneur du Soleil et qui subsiste encore; de-là* SOÛL, SAOUL.....

Quel enchaînement !

Un Chien regarde la Lune et lui dit dans son langage :

IÔHÔHÔHÔHÔHÔHÔHÔH !

Et aussitôt les hommes de nommer la Lune IÔH...

Mais, se dirent-ils, il faut aussi donner un nom au Soleil... Frère ou mari de la Lune, ils sont de même famille; que le Soleil se nomme également IÔH!

Cependant il est à croire qu'il y eut une différence légère dans la prononciation, peut-être IÔH pour la Lune, IOU pour le Soleil, et que cette différence contribua aux variantes que j'ai fait remarquer.

Des milliers d'années se passent; le IÔH primitif est devenu HOU, chez les uns, IAOU chez les autres, HAÜL, ici, HOUL, là, puis SOUL, SOL. Sur les côtes de Bretagne, une fête est instituée en l'honneur du Soleil; on appelle cette fête la SOULE, la SOULERIE; on s'y divertit, on y mange, on y boit, on s'énivre, on est *soûl*, SAOUL... On est SOLEIL!!!

Le SULTAN, le SOUDAN, le SOULARD et le SOUDARD vont ainsi se trouver cousins, par le Soleil!

Le soleil et la lune, IOUPITER et IOUNON, n'auraient-ils pas été pris, par les premiers hommes, pour les deux yeux, YEOUX, de l'Être suprême?

IOU, est l'ancien nom français de l'œil.

Du Cange rapporte ces vers de Philippe Mouskes, auteur du XIIIe siècle :

Mais trançoit on piés et puis oreilles,
Nés, Baulèvres, et crevait IOUS.

Les Étymologistes diront-ils encore que nous avons fait le mot *œil* du mot latin *Oculum?*

Ce seul mot suffirait pour faire délivrer à notre langage un brevet d'incontestable antiquité; mais nous sommes riches en mots primitifs, à *intonations canines.*

J'en rappellerai un dont on comprendra mieux maintenant la valeur, c'est le mot

ARR-AIOU-R, *Préfet des Camps, præfectus camporum, Mestre-de-camp.*

Le Roi as tous Arraiours et Menours de gents d'armes et de pic, etc. (*Glossaire de Du Cange*)

On sait, de science certaine, que le caractère O fut employé par les plus anciens peuples pour désigner l'*œil* et *le soleil,* et j'ai déjà dit et prouvé avec Bruce que SIRIS signifiait *Chien* dans la langue des peuples d'Égypte, chez qui le dieu OSIRIS fut la plus ancienne personnification du soleil.

La traduction littérale du nom O-SIRIS n'est-elle pas évidemment, *œil du Chien*, SOLEIL-CHIEN? Et mieux encore, O-SI-RIS, *œil du Chien grondant, du* CHIEN-ROI?

Je signalerai ici un rapport remarquable entre l'écriture Égyptienne et l'écriture Chinoise.

Les Égyptiens, dit Plutarque, représentaient Osiris par *un œil et un sceptre*.

Un œil et un sceptre, surmontés du caractère *haut*, représentent chez les Chinois, d'après Court de Gébelin, ce fameux mot KING qui, dit-il, signifie *roi*, *prince*, *grand*, *élevé*, *fort*, *etc*.

Les Perses appelaient le Soleil, KI-RESH, CYRUS, nom qui, ainsi que je l'ai déjà fait observer à propos du Prince Cyrus, paraît composé de KI *Chien*, et RESCH, *roi*, CHIEN-ROI.

La Mythologie nous apprend que Titan, frère de Saturne, appelé KIUN, KI-OUN, *chien aboyant*, chez les Orientaux, était regardé, soit comme le père du Soleil, soit comme le Soleil même.

Les Grecs ont changé le K en T dans une foule de mots, et ces deux lettres, ainsi que Napoléon Landais l'a fait observer dans son Système Raisonné de Prononciation Figurée, ont une grande analogie dans la prononciation.

KI remplaçant TI, et TAN signifiant *feu*, en langue Celtique, TI-TAN nom du Soleil, signifierait CHIEN DE FEU!

TITAN engendra les Titans de qui les Celtes sont descendus, s'il faut en croire le père Pezron, et dont ils portèrent le nom pendant plusieurs siècles. Les TITANS furent appelés les Géants, GIGANTES. N'auraient-ils pas quelqu'affinité avec les KITANS, peuple Tartare, dont il est longuement parlé dans l'Histoire des Huns par M. de Guignes, et dans l'Histoire de la Chine, par le père de Mailla, peuple errant et valeureux, qui éprouva de grandes vicissitudes, et se partagea en plusieurs hordes?

Les KITANS ne seraient-ils pas la souche de ces Bohémiens, qu'on croit venus d'Égypte, et qui se sont répandus par toute l'Europe et dans l'Asie, s'appelant

GITANOS, en Espagne,

ZIGANES, en Crimée,

GYPSIES, en Angleterre,

ZINGAROS, en Italie,

ZIzenners, en Allemagne?

Ne retrouve-t-on pas cette pensée, CHIEN-Soleil, parmi les peuples du Mexique, adorateurs du Soleil, chez lesquels, rapporte l'auteur des Cérémonies Religieuses, existe la vague tradition d'un Dieu primitif qui, pendant son séjour sur la terre, *avait été un grand chasseur?*

L'usage immémorial de ces peuples d'offrir un Cerf au Soleil, ne donne-t-il pas à penser qu'ils confondent cet astre avec l'ancien dieu Chasseur?

« *Ils choisissent la peau du plus grand cerf qu'ils puissent trouver, la remplissent de toutes sortes d'herbes, et l'élèvent au sommet d'un grand arbre, la tête tournée au soleil levant; elle reste ainsi exposée jusqu'à l'année suivante.* »

Les Cerfs, sans recevoir les adorations des peuples du Japon, sont protégés en ce pays par les lois religieuses et civiles. *Si on faisait du mal à quelque cerf Japonnais*, est-il dit dans le même ouvrage, *il en coûterait peut-être la vie.*

Ces usages dont l'origine est ignorée de ceux même

qui les pratiquent et les révèrent, ne s'accordent-ils pas avec l'idée d'un DIEU-CHIEN? On conçoit que le Cerf, réservé par nos lois civiles pour le plaisir des Rois, dût être regardé comme le gibier favori du CHIEN CÉLESTE.

Les plus anciennes traditions du Pérou parlent d'un être extraordinaire, appelé CHOUN, dont le corps était sans os et sans muscles, qui abaissait les montagnes, comblait les vallées, tarissait les fleuves, etc. Il disparut à la venue de PACHA-CAMAC plus puissant que lui, et qui convertit en bêtes sauvages les hommes que CHOUN avait créés.

Que devint CHOUN? nul mortel ne le sait.

CH-OUN, *k-oun*, ne serait-il pas le CHAOS, *kaos,* disparaissant à la voix du DIEU CRÉATEUR?

CAÔ, *est le nom du Chien*, en Portugais.

CAOUMET, *la lune*, chez les Esquimaux.

CAOU, *le jour*, chez les Esquimaux.

KAO, *haut, éminent, sublime, hauteur,* en Chinois.

Etc., etc.

Le temps du dieu CHAOS, père de tous les dieux, selon les poètes, ne serait-il pas le temps du CHIEN?

IAP.

—

Si je passe à une nouvelle intonation *canine*, au JAPPEMENT, *cri des petits Chiens*, dont la racine imitative est IAP, je remarque :

IAPET, *fils du Ciel et de la Terre;*

IAPIS, *fils de Dédale;*

IAPPE, *jappe*, vieux mot Français, synonyme de *caquet;*

IABOTER, *jaboter;*

IASER, *jaser;*

Etc., etc.

Le jappement étant le cri des jeunes Chiens, cela explique pourquoi on ne trouve dans cette famille que certains noms de personnages qui ne doivent qu'au mérite de leurs ayeux leur inscription dans les fastes de l'Histoire, et quelques mots insignifiants dont la valeur est en rapport avec leur origine.

Les JAPonais ne seraient-ils pas les *petits* des CHInois?

Lorsqu'on jette les yeux sur les cartes géographiques de ces contrées, lorsqu'on lit l'histoire des peuples qui les ont habitées, on éprouve une sorte de stupéfaction en voyant la multitude de noms qui paraissent dérivés du mot Chien. C'est un pêle-mêle de KI, KIN, KIEN, KAN, KUEN, et de IOU, IAÔ, OU, etc., etc.

Le Chien pur sang s'y rencontre à chaque pas, tête haute, visage découvert.

Mais, sans aller en Chine, si l'on voulait essayer de soulever les masques qui recouvrent les noms des premiers princes connus de nos contrées d'Europe, combien ne trouverait-on pas de Chiens et de Grondeurs, dans ces CANut du Danemarck, ces CANao, CONan, de Bretagne, ces CONon, HERibert, HARold, HARald, ERic, etc.?

Que signifie, par exemple, ce nom baroque d'un

de nos anciens Rois, CHILPÉRIC? Le Dictionnaire Breton du père Grégoire va nous l'apprendre.

« ABOYEUR, *parlant des Chiens de chasse, ou de jeunes Chiens*, CHILPER ; de là

CHILPÉRIC, *qui querelle sans cesse.* »

BERT, en Celte, signifie *beau ;*

CHILDEBERT ne serait-il pas, *Chien beau?*

César Auguste, de l'aveu des Historiens, n'est autre que César AOUT, c'est-à-dire César *aboyant haut et ferme*, car AOU est l'intonation des Chiens de forte race.

Si j'avais à parler des temps auxquels César AUGUSTE régnait à Rome, et HÉRODE en Galilée, je dirais maintenant :

César ABOYAIT à Rome, Ode GRONDAIT en Galilée...

Si des DIEUX-CHIENS et des ROIS-CHIENS, je passe aux Chiens proprement dits, je ne puis passer sous silence cet usage antique et solennel de leur donner, pour patrons, des DIEUX et des ROIS.

Qui, parmi les Chiens de sa connaissance, ne compte pas des Jupiter, des Junon, des Pan, des Diane, des Vesta, des Cybèle, des Sultan, des César, etc.?

UT, RE, MI, FA, SOL.

J'ai déjà parlé de quelques instruments de Musique qui doivent évidemment leur nom originaire, l'un, à la voix du Chien, la flûte pastorale AÔULos; l'autre à sa griffe, (*harpe*,) la HARPE.

Je citerai encore la Lyre de Mercure, en Grec KItARa, en Breton ou Celte KItARR, mot à mot CHIEN-CRI, CRI DU CHIEN !

L'invention des CYMBALES est attribué à CYBÈLE.

Du Cange parle, d'après les Chroniques de

Bertrand Du Guesclin, d'un ancien instrument de Musique qu'on nommait, en France, CHIFONIE :

Et s'avoit chascun d'eux après luy un sergent
Qui une CHIFFONIE va à son col portant.
Et li deus Menestrers se vont appareillant,
Tous deux devant le Roi se vont CHIPHONIANT.
Et Mathieu de Gournay les va apperchevant,
Et les CHIFONIEUX aloy priser tant,
Etc., etc.

Du mot SEIR, *chien*, chez des peuples d'Égypte, n'aurait-on pas fait

SEIRÊ, *chanson, cantique*, en Hébreu,
SIRENES, *chanteuses célèbres*,
SERIN, *l'oiseau musicien par excellence ?*

Tous les mots qui se rattachent à la famille CAN, en se rapportant au CHANT, (CANO en latin, CANA en Breton,) etc., etc., ne proviendraient-ils pas aussi du CHIEN, CANIS en latin, CAN en espagnol, etc. ?

La CHI-CANE, ne serait-elle pas le CHANT DE CHIENS qui se disputent?

Afin de me dispenser des citations en grand nombre que je pourrais faire pour constater l'origine

Canine de la Musique, je renvoie le lecteur à la figure N° XIV, dont le modèle se trouve dans l'Histoire de la Chine, par le père de Mailla. Le seul aspect de cet instrument de Musique guerrière des anciens Chinois, en dira plus que tout ce que je pourrais écrire, et servira aussi à expliquer en faveur de mon système, le sens des Allégories Égyptiennes. Le HURLEMENT du Chien et le MIAULEMENT du Chat (CHIEN MIAO), retentissent ici avec une évidence incontestable. On peut croire que l'oiseau qui surmonte le cadre de cet instrument, est le HOUHOU SACRÉ, et que les ailes supplémentaires dont il est orné, appartiennent à quelque volatile *bourdonnant.* La huppe qui couronne la tête de cet oiseau existe, au rapport de Buffon, chez plusieurs espèces de Coucous et d'Oiseaux qui ont été classés, à tort, selon lui, parmi les Coucous, tel que le TOURACÔ, « *au plumage magnifique, dont le cri, éclatant et très-fort, est* CÔ, CÔ, CÔ, CÔ, CÔ; *il en a un autre, mais petit, bas et rauque, qu'il fait entendre souvent*: CREOU, CREOU, CREOU. »

La tête de Chien *hurlant* ou *grondant* se voit

encore sur l'étendard Chinois, (*Figure* XVIII) et le cri du HOU-HOU se trouve merveilleusement indiqué par les oiseaux, volant le bec ouvert, qui tapissent cet étendard, car c'est surtout pendant son vol que le Coucou jette son cri.

On verra dans le père de Mailla que le Chien, le Chat et le Coucou se retrouvent sur presque tous les anciens instruments de Musique des Chinois.

Par quels sons commence l'Échelle Musicale? — UT, RÉ, MI, FA, SOL.....

UT (OUT), *aboiement du Chien*, INTONATION SACRÉE.

RÉ, *grondement du Chien.*

MI, FA, SOL, (MI-A-O) *miaulement du Chat*, CHIEN-MIAO.

Les Égyptiens croyaient que chaque planète rendait un son Musical, et dans ce système de concert Céleste, ils attribuaient l'UT à Jupiter, et le RÉ au Dieu de la Guerre.

Garcilasso de la Vega rapporte ceci dans son Histoire des Incas, (*tom.* I):

« Les HOUancas, peuple du Mexique, adoraient

» un Chien et en avaient la figure dans leurs temples.
» *Ils faisaient de la tête des Chiens une espèce de*
» *cor* dont ils sonnaient dans leurs danses, et ne
» trouvaient pas de musique plus harmonieuse que
» celle-là ; ils s'en servaient encore à la guerre pour
» donner l'épouvante à leurs ennemis. »

LE CHIEN-PRIMITIF.

Considérons maintenant le CHIEN en lui-même, et dans ses rapports primitifs avec les hommes; peut-être avouerons-nous que nos pères, en le révérant, ne firent pas preuve d'autant d'absurdité que notre orgueilleuse intelligence se plaît à le penser.

La civilisation, en modifiant l'existence de l'homme, a amoindri l'utilité du Chien, mais si, par la pensée, on se reporte aux premiers âges, lorsque l'habitation de l'Homme n'était qu'une cahute (*ca-hute*) exposée aux attaques des bêtes féroces, lorsque l'Homme n'avait guère d'autre nourriture que le produit de sa chasse, on comprendra les services essentiels que dut lui rendre le Chien.

Sans parler de l'admirable instinct du Chien en beaucoup de choses, si l'on considère qu'il est le seul, entre tous les animaux, qui rende volontairement à l'Homme des services domestiques ; qu'il est un ami fidèle et désintéressé, tel que l'Homme en rencontre rarement parmi ses semblables, risquant sa vie pour défendre son maître, pour défendre le poste qui lui a été confié, on comprendra que le Chien, à qui l'Homme devait sa sûreté personnelle, celle de sa famille et sa nourriture, put passer à ses yeux pour un être protecteur.

On comprendra aussi que l'intelligence grossière de certains hommes, ait pu voir une intelligence supérieure dans certains instincts du Chien ; l'Homme, particulièrement occupé du soin de sa conservation et de sa nourriture, dut certainement être frappé de l'aptitude merveilleuse des Chiens pour la garde et pour la chasse, aptitude bien supérieure à la sienne propre.

On conçoit aussi que ce singulier usage des Chiens, d'aboyer et de hurler en regardant la lune, dut attirer l'attention des hommes, qui purent voir dans cet acte répété uniformément par tous les individus de la race canine, une communication mystérieuse avec l'Astre des nuits. Cette pensée est surabondamment prouvée par les monuments Égyptiens, les usages des Péruviens, ce nom primitif de la lune, IÔH, onomatopée parfaite du hurlement des Chiens, et par tous les autres faits que j'ai cités. Aujourd'hui encore ce cri, IÔH, est en usage dans les cérémonies funèbres, non-seulement chez un grand nombre de peuples sauvages, mais, à ce qu'assurent des personnes dignes de foi, dans quelques parties reculées de la Bretagne et de l'Irlande.

On sera moins étonné de l'impression que les Chiens produisirent sur l'imagination des premiers hommes, lorsqu'on saura qu'il exista une race de ces animaux, dont la taille et la force étaient en quelque sorte fabuleuses. Les Anciens désignaient cette race sous le nom de *Chiens d'Épire* et *d'Albanie*. Pline raconte que le Roi d'Albanie ayant fait présent d'un de ces animaux à Alexandre le Grand, celui-ci voulut le mettre aux prises avec un ours; le Chien se couchant nonchalamment refusa le combat, et le héros Macédonien, indigné de voir tant de lâcheté dans un si grand corps, le fit tuer à l'instant. Sachant cela, le Roi d'Albanie en envoya un autre à Alexandre, lui faisant dire que s'il était curieux de mettre son courage et sa force à l'essai, il fallait qu'il lui donnât un adversaire plus digne de lui.

Un Lion fut amené dans l'arène ; le Chien s'élance, et celui que nous appelons aujourd'hui le Roi des Forêts, est à l'instant *broyé et mis en pièces.*

On introduit un Éléphant; alors, dit Pline, ce fut un magnifique spectacle! Lançant un immense aboiement, *ingenti latratu*, l'œil en feu, les poils hérissés, le Chien bondit à l'entour du colosse qui bientôt, couvert de blessures, épuisé de fatigue, s'écroule aux pieds de son glorieux adversaire.

Cette race n'est pas éteinte ; la Tartarie, la Grèce, l'Irlande la possédent, dégénérée il est vrai, mais offrant encore des individus d'une stature gigantesque. Buffon dit en avoir vu un qui lui parut avoir un mètre soixante-six centimètres (5 pieds) de hauteur, *assis*.

Quiconque connaît les accents véritablement formidables de nos Chiens de haute taille, pygmées auprès de ces géants, peut concevoir le retentissement inexprimable de l'aboiement immense, *ingens*, de ce vainqueur des Lions et des Éléphants.

Quel R! et quel *ut* (OUT) de poitrine!

La comparaison du grondement du tonnerre au grondement d'un pareil Chien, devient évidemment plus compréhensible.

Supposons-nous isolés dans une forêt sauvage, privés des moyens de défense que nous devons à la civilisation, dénués de toutes ressources, n'ayant que notre esprit, notre science et nos bras, pour nous défendre contre les bêtes féroces, et pour nous procurer la subsistance de chaque jour; il est certain que voyant venir à nous un de ces Chiens, qui pourrait nous dévorer, si tel était son bon plaisir, le voyant s'établir notre défenseur contre les Lions et les Tigres, et nous apporter le produit de sa chasse, nous rendrons grâces à Dieu de nous avoir envoyé ce protecteur, dont il nous arrivera quelque fois d'envier la force et l'instinct.

Que nous soyons nés au milieu de ces contrées désertes, que notre intelligence n'ait pas reçu le développement qu'elle doit aux bienfaits de l'éducation, il est certain qu'elle s'humiliera devant cette force et cet instinct, et que considérant notre faiblesse et l'insuffisance de nos ressources personnelles, frappés de la générosité du Chien à notre égard, nous lui vouerons une respectueuse reconnaissance.

Je vous engage à lire les belles pages que Buffon a écrites en l'honneur du Chien, sans lequel, dit-il, l'existence de l'Homme eut été en quelque sorte impossible. C'est aller trop loin peut-être, mais il est permis de croire, et je crois, que Dieu, dans sa bonté et dans sa prévoyance, a créé le Chien pour l'utilité de l'Homme.

Buffon pense que les plus anciennes races de Chiens, sont celles du Chien de Berger et du Chien proprement dit *Mâtin*, qui ont une grande analogie de formes avec le Lévrier dont ils ne diffèrent que par la robe. Le Chien de Berger, d'après le père Grégoire, se nomme Mastin chez les descendants des Celtes ; cela explique pourquoi les premiers seigneurs connus de cette Maison des Princes de Vérone, se disant issus d'un CHIEN Slave, portèrent le prénom de MASTIN.

Le rôle protecteur du Chien parmi les hommes, ses instincts remarquables qui nous semblent quelquefois prodigieux, ses rapports mystérieux avec la lune, la ressemblance du grondement de sa voix, prélude de sa colère, avec le grondement du tonnerre, prélude de la colère divine, aux yeux du peuple, sont des causes qui me paraissent suffisantes pour expliquer l'erreur d'hommes sauvages.

Erreur grossière, sans doute, mais plus excusable, si l'on considère leur ignorance, que l'erreur des hommes de nos siècles qui nient Dieu, ou qui reconnaissant son existence, lui refusent leurs hommages.

Le culte du Chien, si absurde qu'il soit à nos yeux, fut un hommage rendu à la Divinité, car ce ne fut pas le Chien qui est sur la terre, dont nos pères firent leur Dieu, mais un être *invisible*, habitant les Cieux, que leur pensée, humble, respectueuse et reconnaissante, crut honorer en lui prêtant l'image de l'être terrestre le plus intelligent et le plus fort, leur ami, leur protecteur ici-bas.

Loin de moi la pensée de comparer l'intelligence divine de l'Homme à l'instinct animal du Chien, mais, afin de réhabiliter nos pères, je dirai cependant que si quelqu'un de nous faisait une de ces choses inexplicables qui sont suggérées aux Chiens par leur instinct, nous serions tentés de lui attribuer une intelligence surnaturelle, et, dans tous les cas, fort supérieure à celle des autres hommes.

Les différents cris du Chien purent paraître un langage aux hommes déjà prévenus en sa faveur, car ils offrent une grande variété de sons. Le Chien a des accents pour toutes les douleurs comme pour toutes les joies; il en a pour chacune de ses sensations; on pourrait même lui reprocher quelquefois une trop grande abondance de paroles!

Que de nuances entre ces cris de plaisir, éclatants, tumultueux, et ces gémissements plaintifs de la douleur, ces hurlements prolongés du désespoir!

A la poursuite des hôtes des forêts, chaque cri du Chien n'a-t-il pas une signification particulière pour le Chasseur? N'est-il pas un avertissement dont celui-ci fait son profit?

Je n'ai pas la prétention de faire un cours de Langue Canine, mais quel est l'homme, ami des chiens, qui n'a pas eu cent fois avec son chien de ces conversations intimes, pleines d'intérêt?

Votre chien a-t-il une requête à vous adresser? quelle voix discrète et délicate, et quel regard expressif!

Les hommes agissent-ils autrement?

Veut-il entrer dans votre appartement? il gratte à la porte, puis il fait entendre un faible cri, puis il appelle à haute voix.

Les hommes font-ils autrement?

On grattait autrefois à la porte des Princes.

Ces façons d'agir sont-elles venues aux chiens par imitation de l'Homme, ou aux hommes par imitation du Chien?

Est-ce le Chien qui a pris à l'Homme la lettre R et le son OU?

Cette intonation me rappelle que j'ai quelques mots à dire relativement à l'inventeur de la flûte (AOU*los*), le dieu Pan, communément appelé, le Grand Pan.

PAN, KAN.

A. E. I. O. U.

Je crois que l'Histoire a été injuste à l'égard de PAN en lui attribuant un rang subalterne parmi les dieux de l'Olympe ; je crois qu'il a des droits incontestables à figurer en tête de la Meute Céleste.

On va crier à l'hérésie ; mais qu'on soit persuadé que si je me permets de renvoyer Jupiter au chenil, c'est que j'ai d'excellentes raisons pour en agir de la sorte.

Il faut rendre à ROZWALL ce qui est à ROZWALL !

Je ferai d'abord remarquer que les meilleurs Historiens conviennent que l'Histoire du Grand PAN a été fort peu connue, et qu'elle est restée enveloppée de mystères impénétrables.

L'abbé Banier résume ainsi son opinion :

« *Les Égyptiens, après avoir adoré le soleil sous le symbole d'Osiris, et la lune sous celui d'Isis, adorèrent toute la nature sous le symbole de Pan qui doit être regardé comme une des plus anciennes divinités du Paganisme.* »

Pan, d'après Hérodote, *est le plus ancien dieu de l'Égypte.*

Pan est appelé par Pindare *le plus parfait des dieux.*

Ce fut Pan, rapporte Apollodore, *qui enseigna à Apollon l'art de deviner et de prédire l'avenir.*

Winkelman dit : « *les Anciens regardaient le dieu* Pan *comme le type de l'Univers, et l'harmonie de l'Univers se réglait au son de la flûte de* Pan ; *c'est la raison pour laquelle on le plaçait au milieu du zodiaque.* »

Dans un cabinet du Collége Romain il y a une statue de Pan *armé de la foudre.*

S'il est vrai que Jupiter n'ait été que l'emblême du Soleil, il est certain qu'il doit céder le pas à Pan, l'emblême de l'Univers.

Pan serait donc le premier des Dieux. On n'en doutera plus, si je prouve qu'il fut le premier des Chiens.

Je constate d'abord qu'il partagea avec Jupiter et Junon, c'est-à-dire avec le Soleil et la Lune, l'honneur de porter *le nom sacré d'*IOU.

Pan, dieu des Bergers, est représenté à la tête de ses OUAilles, armé de sa HOUlette, jouant un air d'AOUlos, ou trônant dans son temple AOUla *dont les loups s'éloignent avec terreur*.

Dieu des Chasseurs, *il habite*, dit-on, *les forêts et les montagnes qu'il fait retentir de ses cris*.

Chasseur ou Berger, il est toujours revêtu *d'une peau hérissée de poils*.

Déposant la houlette et prenant le mousquet, il vole au secours de Jupiter attaqué par les Titans. Les armées sont en présence et s'ébranlent. Tout-à-coup, sur l'ordre de Pan, les soldats de Jupiter *poussent des hurlements affreux*, et l'ennemi détale, saisi d'une *terreur panique*. Ces hurlements, inventés par PAN, ne seraient-ils pas les cris de guerre, HARO, HOURA?

Les Lupercales, fêtes en l'honneur de PAN, furent ainsi nommées, dit l'Histoire, parce que PAN *défendait les troupeaux contre l'attaque des loups.*

Certes, voilà bien des raisons de croire que PAN est le véritable père du Chien de Berger, LE PREMIER DES CHIENS!

En douterait-on, si au lieu de s'appeler le Grand PAN, il se nommait le Grand KAN? Ce ne serait qu'une lettre à la place d'une autre. Le P n'a-t-il jamais remplacé le K? J'en sais plus d'un exemple.

luKos, *loup,* en Grec, se dit en Latin, luPus.
sKepto, *regarder,* en Grec, se dit en Latin, sPecto.
Quinque, *cinq*, en Latin, se dit en Grec Pente.
Kolé, *corneille,* en Grec, se dit en Italien, Pola.

Court de Gébelin dit que les fèves se sont appelées chez les Grecs *Puamos* et *Kuamos.*

Je remarque en outre que les plus anciens alphabets

connus, publiés par Court de Gébelin, les alphabets Phéniciens, n'ont pas la lettre P. Bruce dit que cette lettre n'existait pas non plus dans l'alphabet Éthiopien, et que dans cette Langue *Petros* se disait *Ketros*.

Où donc PAN, originaire de ces contrées sans P, aurait-il pris le sien? Et puisque *Petros* s'y disait *Ketros*, KAN n'a-t-il pas du y être le nom de PAN?

Enfin le nom primitif du Chien, le KI des Celtes, est devenu, d'après Buffon,

PI, en Tscheremisse,

PICO, en Polonais,

PINA, en Mordouan,

PUNN, en Bosniaque.

Court de Gébelin rapporte que dans un Dictionnaire Copte cité par POCOCKE et par MICHAELIS, on voit que les Coptes appelaient

PI-RHÉ, le Soleil,

PI-ZEOU, Jupiter,

PI-ERMÈS, Mercure.

L'épithète, GRAND, qui est habituellement accolé au nom de PAN, appelé le GRAND PAN, mérite aussi quelqu'attention, lorsqu'on sait que le souverain de ces anciens peuples s'appelait le GRAND KAN.

Je ne doute pas que le GRAND PAN n'ait été le GRAND KAN des Cieux, symbole divin, sous le nom de DIEU DES BERGERS, du Chien de Berger, protecteur des troupeaux, dont la voix pastorale est évidemment représentée par la flûte (AOULôs); dont la robe à longs poils est évidemment figurée par la peau hérissée de poils dont on affuble ce dieu.

Symbole divin, sous le nom de DIEU DES CHASSEURS, du Chien de Chasse qui pourvoit à la nourriture de l'Homme.

Et sous le nom de GÉNÉRAL DE JUPITER, *ordonnant à ses soldats de pousser des cris pour effrayer l'ennemi*, symbole du Chien Guerrier qui avant de s'élancer sur son adversaire, fait entendre un grondement menaçant, semblable à celui du tonnerre, et aboie par éclats en combattant.

J'ai déjà dit que les Égyptiens représentaient l'homme de guerre sous la forme d'un Chien; j'ajoute que lorsqu'une armée Égyptienne entrait en campagne, un bataillon de Chiens d'élite marchait à l'avant-garde (AOU-GARDE, *en vieux français*).

Cette même coutume est attribuée aux Magnètes du Méandre, par Pollux; aux Magnésiens et aux Hyrcaniens, par Élien; aux Gaulois, par Strabon; aux Colophoniens et aux Castabalèses par Pline qui ajoute que ces Chiens ne reculaient jamais, et faisaient l'office des plus fidèles troupes auxiliaires. Cet auteur raconte qu'un Roi des Garamantes, exilé de ses états, y était rentré de force, assisté d'un cortége de deux cents Chiens qui terrassèrent tous les opposants.

Enfin on reprochait au Grand PAN de courtiser volontiers la brune et la blonde; la constance n'est pas non plus, hélas! la vertu de ROZWALL.

On objectera peut-être que PAN est habituellement représenté avec des cornes et une barbe de Bouc, et la face couleur pourpre, caractères étrangers à la race canine; mais après avoir rappelé aux contradicteurs que les Singes furent certainement considérés comme une variété du Chien, après leur avoir rappelé le BABOUIN A MUSEAU DE CHIEN et le SINGE HURLEUR, je leur dirai de regarder, dans Buffon, LE SINGE CORNU et LE SINGE BARBU. Je leur dirai, en outre, qu'il y a LE SINGE A FACE POURPRE, et enfin LE SINGE DOUC dont la fourrure est tachetée de blanc et qui, à l'exception des cornes, réunit à lui seul les autres attributs de PAN.

Les poëtes ont dit :

« *Les cornes qu'on met sur la tête de* PAN *marquent les rayons du soleil; la vivacité et la rougeur de son teint, l'éclat du ciel; la peau étoilée qu'il porte sur l'estomac, les étoiles du firmament; les poils dont la partie inférieure de son corps est couverte, désignent la partie inférieure du monde, la terre, les arbres, les plantes*, etc. »

J'admire le grandiose de cette description symbolique, mais, n'étant pas poëte, je suis tenté de dire prosaïquement :

PAN, Chien de sa nature, mais Chien fabuleux, a pris ses cornes au Singe CORNU, sa barbe au Singe BARBU, la rougeur de son teint au Singe A FACE POURPRE, et son estomac étoilé, à la fourrure bigarrée du Singe DOUC.

Tous ces singes sont de la grande espèce, à l'exception du Singe Cornu; mais on sait que les cornes, ainsi que la barbe, étaient l'emblême de la puissance, et que les anciens en mettaient aux Dieux, aux Rois, aux Héros. D'ailleurs il existe nombre de têtes de Pan, *non cornues* (Figure XVII, d'après le père Montfaucon). Mais ce qu'on ne se permit jamais de couper à Pan, ce sont ses oreilles de Chien, auxquelles on pensait sans doute qu'il tenait plus particulièrement, comme caractère distinctif de sa race primitive.

Les singes dont je viens de parler sont compatriotes du Babouin a museau de Chien, et appartiennent, pour la plupart, au genre OUanderou, du quel Knox dit qu'il a *le corps du Chien épagneul*, et qui, s'il faut en croire le rapport qui fut fait à Buffon, porte chez les naturels le nom de CAI OUvassou, nom qui semblerait signifier Chien OUvassou, et conformément à l'ancienne langue des Perses, Grand Roi OUvassou.

Je dois dire à la louange de Rozwall que les habitudes galantes du CAI OUvassou ont encore plus de rapport que les siennes avec celles qu'on prête au Grand PAN, et à sa troupe de Faunes, de Satyres, de Sylvains, etc.

Qui sait si le *museau pourpre* de ce quadrumane divinisé, n'a pas donné lieu à cette fable de la *face avinée* de BACCHUS, nourrisson de SILÈNE, Satyre barbu, dont les naturalistes ont donné le nom à une espèce de Singe.

Nul doute pour moi que la plupart de ces Divinités qu'on nous représente habitant les forêts et les montagnes, appartinrent primitivement au genre SINGE, considéré comme une variété du genre CHIEN; et, de tous ces faits, je crois qu'on pourrait présumer, sans trop d'invraisemblance, que les hommes devenus idolâtres, procédèrent ainsi dans la classification des êtres :

1° Un CHIEN FABULEUX, l'Être suprême, créateur;

2° CHIENS-SINGES, créatures d'essence divine;

3° Le CHIEN PROPREMENT DIT, image de Dieu sur la terre;

4° L'HOMME.

Les Savants ont déjà observé le rapport des sept trous de la flûte de PAN, dont le son, disent les Anciens,

réglait l'harmonie de l'Univers, avec l'octave musicale composée de sept notes; et le rapport de l'octave musicale avec l'octave vocale composée également de sept sons qu'ils déterminent ainsi: **A, Æ, E, I, O, OU, U**, soit en les réunissant **AÆEIOOUU**.

Il est vrai que ces messieurs ne sont pas d'accord, ni sur le nombre des trous de l'**AOU**los, ni sur le nombre des intonations vocales que chaque grammairien multiplie à sa guise. Je n'entreprendrai pas d'éclaircir ces mystères, et, sans sortir des limites classiques de l'alphabet, je me contenterai d'appeler les voyelles hors des rangs, et de les présenter dans leur ordre primitif, immuable, **A. E. I. O. U..... AEIOU! AEIOU!**

J'ajouterai que chez les Crotoniates qui, ainsi que les Égyptiens, avaient adopté un système **Musico-Planétaire**, on croyait que c'était Mercure qui donnait l'*ut* (l'**OU**t); **Mercure**, dont la race canine ne peut plus être contestée; que les plus savants Mythologues disent être le même que l'*aboyant* Anubis, et dont l'histoire offre de tels rapports avec celle du Grand **Kan** qu'on ne peut méconnaître leur identité.

Quiconque voudra se convaincre de ce dernier fait, n'a qu'à lire avec attention ce qui a été écrit sur ces dieux par les meilleurs auteurs.

Je dirai seulement que l'un et l'autre présidaient à la garde des troupeaux, et que si le Grand KAN inventa l'AOULos dont les sons réglaient l'HARmonie de l'Univers, c'est au DIEU-CHIEN HERMÈS qu'on attribuait l'invention de la Lyre (KItARR) et de l'HARmonie Musicale.

K.

—

Je n'ai point encore envisagé le Chien sous toutes ses faces. Après l'avoir pris par la tête, par la gorge et par la patte, il me resterait à examiner si les dieux de l'Olympe ne lui ont pas fait d'autres emprunts. Si je n'étais arrêté par la crainte de me fourvoyer trivialement, je dirigerais quelques investigations sur la queue de Rozwall, mais je n'ose..... Cependant je ne veux pas qu'il soit dit que je n'aurai pas planté mon drapeau sur ce nouveau terrain, et je rappellerai qu'une des nymphes qui partagèrent avec la Chèvre Amalthée l'honneur d'allaiter Jupiter, fut Cynosure, dont le nom, disent les Étymologistes eux-mêmes, est composé de deux mots grecs, *kunos*, génitif de *kuon*, chien, et *oura*, queue, QUEUE DE CHIEN !

La queue et les griffes de Satan ne seraient-elles pas un dernier vestige du DIEU-CHIEN?

Il ne faudrait qu'un K pour transformer la chèvre Amalthée en chienne KAMaltée !

Le Grand Cyrus, le Divin Esculape eurent aussi des Chiennes pour nourrices !

Romulus suça le lait d'une Louve !

Ces personnages étaient trop éminents, ils participaient trop de l'essence divine, pour qu'on pût ne pas attribuer à la race Canine la gloire de leur éducation !

J'ai déjà dit le nom du Chien chez beaucoup de peuples, KI, KUON, KUEN, KIMMAG, CAO, CAN, CANIS, CHALEB, KALBA, etc.

La lettre qui domine en ces différents mots, la lettre radicale, est évidemment la lettre K, le son K, dont le son C n'est qu'une modification.

Pourquoi le son K a-t-il été employé primitivement

à désigner le Chien? Pourquoi, ainsi que l'ont constaté les savants qui se sont occupés de l'origine de Langage, partage-t-il avec le son R, *grondement du Chien et du Tonnerre,* le privilége d'exprimer *le bruit et la force*, *la puissance?*

Prenons un exemple, le mot *éclat* (éKLA), mot si remarquable par la variété et l'importance de ses acceptions, car il signifie: *bruit retentissant*, *lueur brillante, gloire, splendeur*. Ce son KLA n'est-il pas une imitation parfaite du plus effrayant des bruits du tonnerre, de celui qui paraît suivre immédiatement l'apparition de l'éCLAir, et qui précède la foudre, KLAKLAKLA... KRRA?

Cette origine est palpitante de vérité, si l'on peut s'exprimer ainsi; elle explique l'importance de la lettre K et son application au Chien, image, sur la terre, de l'Être invisible dont la voix gronde aux Cieux et se répand en *éclats* tumultueux.

Les Étymologistes font venir le mot *éclat* par onomatopée du bruit *d'un arbre qui se brise*, mais le bruit du tonnerre n'est-il pas plus primitif, plus imposant, plus remarquable? Pourquoi ce mot, s'il venait du brisement d'un arbre, signifierait-il aussi, *lueur brillante, gloire, splendeur?* Le tonnerre ne résume-t-il pas au contraire toutes ces significations?

Les familles **KLA** et **KRA** offrent une foule de mots :

GLAS de la mort qui se dit aussi **CLAS** ;

KLAzon, *crier*, en Grec ;

CLAmeur, **CLA**que, etc., etc. **CRA**quer, etc.

Je dois avouer cependant qu'il est un pays où le nom du Chien ne paraît offrir aucune trace du **K** primitif.

DOG est le nom générique du Chien chez les Anglais.

J'ai voulu rechercher la cause de cette exception ; après de longs et vains efforts, je crois avoir réussi à la découvrir, y voyant en même temps une preuve nouvelle et très-remarquable de la vraisemblance de mes conjectures.

Chez les Anglais,

DOG est le nom du Chien,

GOD est le nom de Dieu.

C'est le même mot, *retourné.*

Ne dirait-on pas que l'Angleterre ayant perdu le

souvenir des traditions primitives, honteuse de ce rapport irrespectueux entre le nom de Dieu et celui du Chien, voulut le faire disparaître par ce renversement des lettres ?

Le son G étant une nuance modifiée du son K, il est à croire que GOD fut le nom primitif du Chien dans la langue Anglaise. On conçoit d'ailleurs que le changement dut atteindre le nom du Chien plutôt que celui de Dieu.

Tandis que les Grecs ont fait le verbe

KInEô, *aller, se mouvoir, parce que,* dit le père Pezron, *le Chien* (Ki) *va et se remue sans cesse*, c'est le verbe

GO, chez les Anglais, qui a ces significations.

Une autre exception, observée chez les Chinois, donne lieu à des suppositions également remarquables.

La Chine est, sans contredit, le pays où le culte du Chien a laissé les racines les plus profondes et en même temps les plus apparentes, et pourtant ce son R, d'origine Canine, qui joue une rôle si important dans le langage, pour ainsi dire, universel, n'existe pas dans la langue Chinoise.

Jamais Chinois n'a dit R.

Pourquoi? C'est que ce son menaçant, expression de la colère divine, laissa sans doute un tel souvenir d'épouvante parmi les populations Chinoises, qu'elles auraient craint, en le prononçant, d'appeler la foudre sur leur tête.

Court de Gébelin dit qu'il en était de même dans un des dialectes de l'ancien Persan, à en juger par un alphabet de M. Anquetil. C'est chez le plus ancien peuple de Perse que la Religion prescrit de faire avaler, par des Chiens, les âmes des mourants.

En revanche, les Chinois, dans leur langage, ont prodigué les autres cris du Chien, et son nom, d'une manière surprenante.

Ne citant qu'un exemple, je dirai que les Chinois, qui ont la prétention d'avoir échappé à la destruction du Déluge, racontent que l'Empereur IAÔ régnait en ce temps-là; qu'un des grands du Royaume, KUEN (*Chien,* en Chinois), éleva des digues qui furent achevées, sous le règne de KUN, par YU (YOU), fils dudit KUEN, lequel YU succéda à KUN, et fut un des empereurs les plus remarquables; sa mémoire est restée en vénération.

XV. *Page* 137

ANUBIS.

Une preuve nouvelle, concluante, de l'importance supérieure du Dieu-Chien chez les peuples qui ont fourni à la Mythologie ses fables les plus anciennes, ressort d'un monument (*Figure* XV) copié sur le dessin qu'en a donné le père Montfaucon (*Tome* II. IIe *partie*).

Anubis, *à tête de Chien*, tient un Caducée de la main gauche, et de la droite, un Globe; à l'entour de sa tête sont une palme, deux étoiles et une branche de laurier; son pied foule le Crocodile; il a au-dessous de lui, du côté gauche, la tête du dieu Apis qui représenta le Soleil après la mort d'Osiris; et à sa droite, celle du dieu Serapis qui n'est autre que Pluton qui, lui-même, ainsi que de bons auteurs l'ont remarqué, fut le dieu de la Nuit, le dieu Lunus, c'est-à-dire la Lune.

Ce monument porte pour inscription, LES DIEUX FRÈRES. En admettant cette fraternité, on ne peut méconnaître que la pensée qui dirigea la main de l'ouvrier, assignait à Anubis un rôle fort supérieur à ceux du dieu du Jour et du dieu de la Nuit.

Il fournit peut-être aussi une explication plus simple, sinon plus satisfaisante que celle donnée par Plutarque, de la vénération des Égyptiens pour la figure triangulaire. Plutarque dit que « *ces peuples comparaient la nature divine à un triangle rectangle, dont un des côtés représentait l'intelligence, le second la matière, et le troisième, l'ordre qui résultait du concours de l'intelligence avec la matière.* »

En traçant un triangle dont la tête d'Anubis formerait le sommet, et qui aurait à ses angles inférieurs les têtes d'Apis et de Sérapis, on traduirait mieux, je crois, la pensée religieuse des Égyptiens qui, selon toute apparence, ne reconnurent réellement que ces trois divinités; un Être supérieur, souverain, l'Étoile du Chien; puis la Lune et le Soleil.

Au surplus, les recherches auxquelles j'ai du me livrer, m'ont convaincu qu'il serait facile de faire disparaître tous ces dieux et toutes ces déesses dont on a peuplé l'Olympe, et que derrière cette cohue de doublures fantastiques, enfantées par l'imagination des poëtes et par le respect des peuples pour la mémoire des hommes qui s'étaient illustrés sur la terre; au-dessus du Soleil et de la Lune, on verrait, chez toutes les nations, apparaître un Dieu unique, souverain du Ciel et de la Terre, dirigeant les astres, planant sur l'univers entier, lançant la foudre, recevant, **SEUL**, les premiers hommages de nos pères, mais sur l'essence duquel ceux-ci furent grossièrement abusés par la naïveté de leur intelligence et de leurs mœurs sauvages

---

LA VOIX DE DIEU,

ETC., ETC., ETC.

Les hommes ont adoré des animaux, c'est un fait avéré qu'il n'est pas possible de nier malgré la répugnance qu'il soulève en nous. Si le temps avait jeté un voile d'oubli sur ces cultes honteux ; si même il eût été permis de mettre leur existence en doute, jamais la pensée ne me fut venue d'évoquer d'aussi tristes souvenirs; je me serais gardé de secouer la poussière qui, depuis le commencement des siècles, recouvre l'origine mystérieuse de ces monstrueuses erreurs. Mais en présence de l'authenticité incontestable qui les consacre, j'ai cru que si je parvenais à prouver que le Chien fut le premier objet de ces cultes idolâtres, ce serait atténuer les torts de nos premiers pères, puisque le Chien est, sans contredit, le Roi des animaux, celui dont l'instinct se rapproche le plus, par ses effets, de l'intelligence de l'Homme.

A ne considérer que les caractères apparents des animaux devant lesquels les peuples se prosternèrent, il est certain que les hommes qui adorèrent le Chien, doivent être placés sur un degré plus élevé de l'échelle des êtres intelligents, que ceux qui rendirent un culte au Chat, au Loup, à l'Escarbot, etc.; et sous ce rapport on pourrait conclure que la civilisation, pendant de longues années, n'a eu d'autre résultat que de pervertir l'intelligence de l'homme.

Mais est-il vrai que l'homme ait *déifié* le Chat, le Loup, l'Escarbot, etc? Je ne le crois pas, et l'exhumation du culte primitif et raisonné du Chien servira, j'espère, en nous permettant de reconnaître et d'apprécier la pensée de nos pères, à décharger leur mémoire des absurdités qu'on leur prête.

Au fur et à mesure que les hommes sortirent de l'état sauvage et se réunirent en société, l'assistance du Chien leur devint moins nécessaire; ils eurent moins de rapports immédiats avec lui. Il est à croire aussi que les proportions du Chien qui durent être colossales, à juger par celles des Chiens d'Épire, subirent une décroissance rapide en raison de la multiplicité de ses reproductions à de courts intervalles; ses accents perdirent alors de leur force.

Ces motifs réunis durent contribuer à diminuer l'importance du Chien aux yeux des hommes.

D'un autre côté, le cercle des idées de l'Homme s'agrandissant, son intelligence s'épurant, les causes premières du culte du Chien, causes que le raisonnement ne refuse pas d'admettre, allèrent chaque jour en s'effaçant jusqu'à tomber dans l'oubli absolu. Néanmoins il est certain que ce culte se maintint longtemps encore. Les postérités l'adoptèrent respectueusement, mais sans le comprendre, et cherchant à s'en rendre compte, elles pensèrent, je le crois du moins, que Dieu ayant voulu se manifester aux hommes, avait pris **LA VOIX DU CHIEN**.

Ici le vague des suppositions disparaît; le langage universel, d'accord avec les récits de l'Histoire, avec les monuments et les usages religieux des peuples idolâtres, ne laisse aucun doute sur le respect des hommes pour les INTONATIONS CANINES, regardées comme INTONATIONS DIVINES, que de pieuses mais confuses traditions leur avaient transmises d'âge en âge, en leur apprenant à les vénérer. Ce fut, je crois, ce sentiment, éminemment religieux, qui porta les peuples à honorer les animaux qui produisent ces intonations sacrées; ce fut **LA VOIX DE DIEU** qu'ils adorèrent dans la plupart des animaux objets de leur culte, animaux gRONdant, HURlant, mIAUlant, RUgissant, mUgissant, HUant, bOURdonnant, ROUCOUlant, etc., disant R et OU, intonations fondamentales du grondement, du hurlement et de l'aboiement des Chiens. On ne doit pas s'étonner des variantes que présente l'intonation OU dans les mots qui sont dérivés d'elle, car ces variantes, IOU, AOU, OUA, WA, existent réellement dans la voix du Chien, dont les accents se modifient en raison de diverses causes.

Les animaux disant KA, jouirent aussi peut-être

de quelque considération, par suite du rapport de ce son avec les sons **KLA** et **KRA** du Tonnerre? Sans me livrer à cette nouvelle étude qui m'éloignerait trop du terme auquel j'ai hâte d'arriver, je dirai seulement que la réunion des trois sons **K**, **R**, **OA**, qui se fait remarquer très-distinctement dans le **CROA**ssement du Corbeau, fut probablement la cause de la grande vénération des anciens peuples pour cet oiseau, et de la croyance universellement répandue que ses cris formaient un langage qui prédisait l'avenir.

Si les Égyptiens révérèrent la Grenouille, s'ils crurent devoir lui élever un autel dans la Table Isiaque, cette vilaine bête ne dut-elle pas ces honneurs à son **COA**ssement?

« Lorsque Dieu eut formé la terre, il la posa sur » le dos d'une grosse Grenouille, et toutes les fois » que cet animal secoue la tête ou alonge les » jambes, il fait trembler la partie de la terre qui » est dessus. » C'est ainsi que la Mythologie Tartare explique les tremblements de terre. N'est-ce pas par souvenir confus de cette superstition Tartare, que nous avons appelé *grenouille* et *crapaudine*, ce petit morceau de fer qui supporte, en facilitant leur mouvement de rotation, certains corps à pivot dont le poids est considérable. Afin d'apprécier sainement les causes de l'importance du rôle que les Tartares ont attribué à la Grenouille, j'ai voulu me livrer à une étude approfondie du chant de ce quadrupède aquatique. La chose était facile; heureux voisin d'une grenouillère, j'ai dirigé mes pas de ce côté. Quel harmonieux concert... pour les adorateurs des intonations sacrées!

KRRRRA... KRRRRA.... KRRRA... KRRRA... KOA... KOOOA... KRRROOA... ROA!

C'est admirable, surtout si l'on considère la vigueur, l'énergie prolongée de ces accents relativement à l'exiguité de l'être qui en est le possesseur privilégié.

Le plus incroyable, le plus avilissant de tous les cultes du Paganisme est certainement celui du dieu Crépitus, du dieu Pet. Le son KA ne fournit-il pas une explication convenable de ce culte? Redoublant le son KA, disant KA, KA, l'oreille ne saisit-elle pas, par voie d'onomatopée, l'étymologie d'un mot qui a des rapports trop intimes avec le dieu CREPITUS, pour qu'on puisse contester leur identité d'origine?

Tout s'enchaîne, et le culte du dieu CREPITUS, expliqué par le son KA, m'amène naturellement au culte plus célèbre, et non moins mystérieux, de ce légume que les Pythagoriciens disaient être *habité par des âmes*, et dont pour cette raison, ils proscrivaient sévèrement l'usage; *je veux parler des Fèves*... Tout lecteur, ami des fèves, comprendra ma pensée que je ne puis exprimer, et si grotesque que soit le motif auquel le système des Sons Célestes me conduit rationnellement à attribuer cette superstition, il conviendra qu'il n'y en a guère de plus satisfaisant à donner. KUAMOS (*KOUAmos*) était le nom de la fève, chez les Grecs.

Est-ce le hasard qui a réuni ces intonations K, R, O, OUA, pour en faire les mots:

CROC, l'arme la plus terrible du Chien;

CROCOTTA, animal monstrueux dont parle Pline, *qui tient du Chien et du Loup;*

CROnos, Saturne ou le Temps;

KROdo, principale idole des anciens Saxons;

KROUSMAN, divinité Strasbourgeoise;

CROITRE, qu'on prononce presque *CROAtre*;

CROÜA, *créer*, en breton?

Etc., etc.

Je ne prétends pas expliquer exclusivement ainsi tous les cultes du Paganisme; des hérésies particulières, absurdes, s'introduisirent sans doute, mais je crois qu'on leur trouvera généralement des causes divines, c'est-à-dire, par exemple, un rapport avec l'idée que les hommes avaient de là Divinité, une analogie avec un astre, etc.

Ainsi, je ne puis pas admettre, comme on la dit, que les Égyptiens adorèrent le bœuf, *parce qu'il sert à labourer la terre.*

Après avoir constaté que les hommages des Égyptiens s'adressèrent principalement aux cornes du Bœuf, je veux savoir qu'elle est la forme des cornes du bœuf d'Égypte, le Bufle; j'en trouve la représentation dans Buffon, (*Figure* n° XXI). Je lève les yeux, et je cherche parmi les figures qui tapissent le globe céleste, s'il n'y en a pas une qui offre quelqu'analogie avec la corne du Bufle? Le croissant de la Lune, sans aucun doute.

Je me rappelle la fable de la nymphe IO transformée en vache; je sais que IO est la déesse Isis, la Lune, et que par conséquent ce fut la Lune qui subit cette transformation.

Je comprends alors que la Lune étant devenue *vache*, le Soleil, mari de la Lune, dut devenir *bœuf*, et cela m'explique pourquoi le bœuf Apis *devait avoir au côté droit une figure du croissant de la Lune. Il fallait aussi qu'il fût noir*; comme on n'apercevait que les cornes lumineuses de la LUNE-VACHE, on avait pu croire que si son corps restait invisible, c'est qu'il était noir, couleur de la nuit.

La mort présumée d'O-Siris (SOLEIL-CHIEN), donna naissance à cette nouvelle superstition, car les Égyptiens prétendirent que l'âme d'O-Siris alla habiter le corps du bœuf Apis. Ce fut ainsi, je crois, que le culte du bœuf mugissant (*mOUgissant*), remplaça le culte incompris du Chien, et que les cornes devinrent l'ornement de tête des Dieux et des Rois.

Le Coq était consacré au Soleil.

Dut-il cet honneur à sa démarche fière et superbe, à son humeur belliqueuse? Oui sans doute, mais plus encore à son chant matinal annonçant l'arrivée prochaine du Roi des Cieux, et qui parut un *cri de guerre* adressé aux Divinités Ténébreuses. Ce qui le prouve, c'est que les monuments Égyptiens représentent habituellement le Coq sur un fond parsemé d'étoiles, armé d'un bouclier, le fouet au poingt, l'œil flamboyant et la menace au bec (*Figure* XVI).

Le plumage du Coq servit aussi peut-être à lui donner un faux air de soleil, car sa couleur est habituellement d'un jaune doré; c'est même la couleur exclusive de certaines races dont les pattes sont également jaunes (*IAOUnes*).

Le chant du Coq est un R menaçant, le son CÔ s'y fait aussi remarquer.

Sur les Abraxas le nom sacré d'IAÔ se voit toujours écrit auprès du Coq, et le plus souvent à l'entour de son bouclier.

Je ne sais pas quel est le nom du Coq en langue Égyptienne; mais ce qui est constant et digne de remarque, c'est que dans les campagnes de la Bretagne et sur les halles des cités, le Coq n'a pas d'autre nom que celui de JAU... (IAOU).

Je me demande, à propos de Coq, si la crête de ce Roi des Gallinacés, couronne altière, dentelée, n'aurait pas servi de modèle aux couronnes des Dieux, des Rois, des Princes, etc. Les Abraxas dont je donne la copie, d'après le père Montfaucon, représentant, l'un le Coq (*Figure* XVI), l'autre le Soleil personnifié dans Apollon (*Figure* XIX), et la crête de coq, d'après Buffon (*Figure* XX), permettront à chacun de résoudre cette question.

« Les Perses, au rapport de Plutarque, appelaient
» les Cariens, *coqs*, parce que les cimiers de leurs
» casques ressemblaient à des *crêtes de Coq*. Pour
» la même raison on donna le nom de *Hanefederen*,
» c'est-à-dire *crêtes de Coq*, à une compagnie
» d'hommes d'armes, chez les habitants de Clèves. »
Ménage, art. ALOUETTE, *éd. de* 1750.

La teinte écarlate de la crête du Coq, et la figure pourpre du CAI OUVASSOU, ne sont peut-être pas étrangères non plus à l'adoption de ces couleurs, pour les vêtements des Rois et des Princes.

Plutarque et Clément d'Alexandrie ont constaté que « *le plumage de l'Ibis rappelait les reflets de la lune et représentait même la figure de son croissant.* »

L'Ibis était consacré à la Lune!

Le Lotus, plante vénérée, était consacré au Soleil:
« Il croit sur le bord des rivières; ses fleurs,
» blanches comme celles du lys, *se resserrent et*
» *plongent la tête dans l'eau quand le soleil se*
» *couche; elles se redressent quand il paraît sur*
» *l'horizon!* C'est une plante bulbeuse. »

Les reflets *dorés* de l'Oignon n'expliqueraient-ils pas les honneurs rendus à ce végétal?

Ces raisons de cultes aussi monstrueux seraient certainement les plus honorables et les moins incompréhensibles.

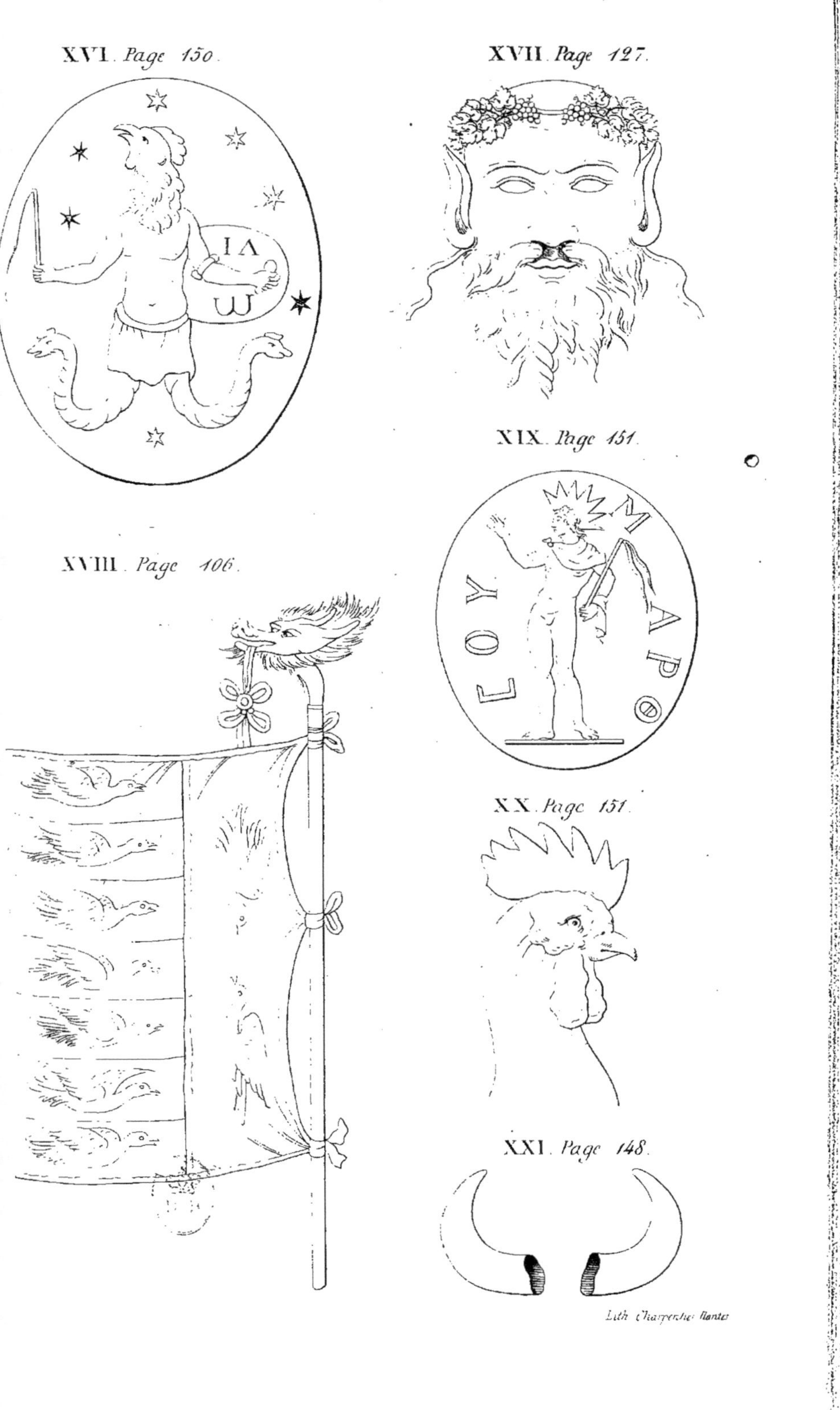
XVI. Page 150.
IΛ
ω
XVII. Page 127.
XIX. Page 151.
ΛΟΥ
ΜΑΡΘ
XVIII. Page 106.
XX. Page 151.
XXI. Page 148.
Lith. Charpentier Nantes

FAITS DIVERS.

Peut-être ces quelques pages, produit inattendu d'un sentiment de futile curiosité, écrites en riant, serviront-elles de préface à un livre immense et remarquablement grave ! Si quelques-uns des aperçus qu'elles présentent ont une importance réelle, il est à désirer que les savants s'emparent de ces données, si imparfaites quelles sont, et que dirigeant leurs recherches sur les coutumes religieuses et sur les langues, idiomes et patois de l'univers, s'attachant aux intonations canines, principalement chez les peuples sauvages parmi lesquels la civilisation n'a point encore altéré les mots primitifs ; après avoir réuni d'imposants matériaux, ils élèvent un édifice inébranlable, dont l'utilité ne saurait-être contestée dans l'intérêt de l'histoire des anciens cultes du Paganisme, des rapports qui existèrent entre les peuples les plus éloignés par la distance qui les sépare, par la différence de leur couleur, de leurs mœurs, de leur langage actuel; enfin dans l'intérêt de l'histoire même du langage qui, pour ce qui concerne les mots les plus importants, paraît avoir été formé, par toute la terre, sous l'impression d'une seule et même idée: celle du respect pour les accents du Chien, image de l'ÊTRE TONNANT.

Qu'ils se mettent à l'œuvre, et je leur promets abondante moisson, car en recueillant çà et là ces notes éparses, j'ai entrevu de vastes champs d'étude.

Quant à moi, ma tâche est finie; j'ai atteint les limites qu'il ne m'est pas donné de franchir. Me servant d'une comparaison en rapport avec mon sujet, je dois me contenter de ressembler à ce Chien chasseur qui dépiste le gibier, et laisse à de plus vigoureux le soin de le poursuivre, et la gloire de l'atteindre.

Quoiqu'il arrive, j'aurai bien mérité des Chiens

en général, car ils me devront leur réhabilitation aux yeux du monde, et dans les Annales de la docte Académie, qui ne peut plus arguer d'ignorance pour laisser dans un plus long oubli, la valeur *grammaticale* et historique de cette noble Race.

Il faut rendre à Rozwall ce qui est à Rozwall !

J'espère aussi que nos Législateurs canicides renonceront désormais à leurs calculs sanguinaires; ils comprendront qu'en les voyant s'acharner à proscrire les descendants inoffensifs des Rois de leurs pères, on pourrait les accuser d'être mus par un sentiment d'orgueilleuse jalousie, de hargneuse rancune, tout au plus digne de roquets vaniteux.

Avant de quitter la plume, je me permettrai d'adresser une prière aux lecteurs, s'il s'en trouve qui veuillent envisager ce travail sous son côté sérieux ; c'est, avant de le juger, d'affronter bravement l'ennui d'une seconde lecture indispensable pour arriver à une appréciation consciencieuse, à laquelle on n'a pu qu'être préparé par la révélation brusque, inattendue, d'idées trop nouvelles, trop étranges, pour n'être pas accueillies, de prime abord, avec incrédulité ; c'est aussi de considérer les faits dans leur ensemble, et non en les isolant. Quelques citations ont pu être mal rapportées par leurs auteurs, ou mal appréciées par moi; j'ai pu présenter quelques conjectures hazardées, quelques étymologies forcées; cela importe peu. Ce qu'il faut remarquer, c'est que les faits empruntés aux plus anciennes traditions religieuses des peuples idolâtres, c'est que les mots universels de puissance divine et terrestre qui se rapportent, soit aux noms primitifs du Chien, KI, KON, KAN, KUEN, etc.

Soit à son hurlement, IÔH, IOU;

Soit à son grondement, R;

Soit à son aboiement, HOU, AOU, WA, mots fort dissemblables par leurs intonations, concordent tous à constater que les premiers hommes établirent en effet un rapport entre

L'ÊTRE INCONNU, GRONDANT, TONNANT, ÉCLATANT, FAISANT *RRRRR... HOUM... HOUM... KLA KLAKLA... KRRRA...*, SOUVERAINEMENT PUISSANT, SOUVERAINEMENT BON, ROI DES CIEUX,

Et LE CHIEN PRIMITIF, GRONDANT, ABOYANT, ÉCLATANT, FAISANT *rrrrrr....... hou....... hou.......*

houawawawawa..... wa...., FORT, PROTECTEUR DE L'HOMME, ROI DE LA TERRE.

Afin de rendre cette vérité plus sensible, je crois utile de réunir en tableau quelques-uns des mots qui se trouvent épars dans cette notice, restreignant néanmoins cette répétition aux noms du Soleil et de la Lune:

KIzOUs, *le Soleil*, en Amérique, CHIEN ABOYANT;

CY-R-OUs, (CYRUS), *le Soleil*, en Perse, CHIEN GRONDANT, ABOYANT;

TI-TAN, *le Soleil*, CHIEN DE FEU;

PI-RHÉ, *le Soleil*, en Copte, CHIEN GRONDANT;

O-SI-RIS, *symbole du Soleil*, ŒIL DU CHIEN GRONDANT;

QUILLA, *la Lune*, au Pérou, CHIENNE;

CAM-AR, *la Lune*, en Arabie, CHIENNE GRONDANT;

CHANDRA, *la Lune*, chez les Indous, CHIENNE GRONDANT;

RE, *la Lune*, en Irlande, GRONDANT;

HERA, *la Lune*, Junon, GRONDANT;

RHÉ, *le Soleil*, en Égypte, GRONDANT;

ERA, *le Soleil*, à Taïti, GRONDANT;

IÔ, *la Lune*, chez les Argiens, HURLANT;

IOH, *la Lune*, en Copte, HURLANT;

YEOUE, *la Lune,* en Chine, HURLANT;

IEOUD-RA, *la Lune,* en Samskreton, HURLANT ET GRONDANT;

IOUL, *fête de la Lune*, dans le Nord, HURLANT;

IOU, *la Lune et le Soleil,* Junon et Jupiter, HURLANT;

IOU-TI, *le Soleil*, au Pérou, HURLANT-CHIEN;

AIOUM, *le Soleil*, chez les Esquimaux, HURLANT;

HYAOUL, HOUL, *le Soleil*, en Breton, HURLANT, ABOYANT;

HAOUL, *le Soleil,* chez les Gaulois, ABOYANT;

AOU-R (AUR), *le Soleil,* en Orient, ABOYANT-GRONDANT;

AOU-RINGA, *le Soleil*, en Fionie, ABOYANT-GRONDANT;

OUA-YOU, *le Soleil*, chez les Caraïbes, ABOYANT-HURLANT;

AOUAL, *le Soleil*, chez les Arabes, ABOYANT;

HAOUAZ, *le Soleil*, chez les Arabes, ABOYANT;

AHOUAN, *la Lune*, chez les Arabes, ABOYANT;

KA-OUMET, *la Lune*, chez les Esquimaux, CHIENNE ABOYANT.

Les noms de l'Être suprême chez divers peuples, ceux des divinités du paganisme, des Rois, des Princes, offrent, pour la plupart, les mêmes rapprochements; c'est toujours *le Chien,* ou *le hurlant, le grondant, l'aboyant.* On remarquera cependant que l'épithète *le hurlant*, IOU, paraît avoir été plus spécialement affectée aux Divinités, ce que j'explique par le rapport que les hommes crurent exister entre la Lune et les Chiens en remarquant les façons d'agir de ces animaux à l'égard de cet astre. Ai-je besoin de répéter que le Chien lève toujours la tête vers le ciel lorsqu'il pousse son IOU plaintif, et que cette attitude, qui est celle des Cynocéphales représentés sur les monuments Égyptiens, contribua à faire penser que son hurlement était une invocation, une prière à l'Être qui règne aux cieux.

S'il est besoin d'une nouvelle preuve, je parlerai de la déesse NEHALENNIA, sous l'emblême de laquelle quelques auteurs disent que les Gaulois adoraient la nouvelle lune. Parmi les monuments qui représentent cette déesse, il n'y en a pas un qui ne lui donne un chien pour compagnon, et la posture de cet animal est habituellement celle du chien hurlant, *assis, la tête élevée, le cou tendu.* (Fig. XXIV, *d'après le père Montfaucon.*)

Enfin je ferai remarquer que DIANE, autre personnification de la lune, est gratifiée, dans la plupart de ses statues, de cinq ou six paires de mamelles qui lui ont valu le nom de MULTIMAMMIA!

Les autres intonations *canines* OU, AOU, WA, *l'aboyant,* R, *le grondant*, ont été appliquées indifféremment aux Puissances du ciel et de la terre.

Un nouveau travail étymologique serait à faire sur une grande partie des mots que j'ai cités, mots dans lesquels je n'ai fait remarquer que le nom du Chien, tandis que ce nom est souvent suivi ou précédé d'une intonation *canine*, mais chaque lecteur est maintenant à même de faire cette appréciation, s'il en a la curiosité; je me bornerai à donner encore, pour unique exemple, ce mot *sire,*

SI-RE, en grec KY-RIOS, mot à mot CHIEN GRONDANT, en rappelant que

SEI-R est le nom du Chien, chez un peuple d'Égypte;

SI-R-IOUs (SYRIUS), le nom de l'Étoile du Chien, CHIEN-GRONDANT-HURLANT;

XXII. *Page 175.*

XXIII. *Page 179.*

XXIV. *Page 160.*

Lith Charpentier, Nantes

SY-R-OUs (Syrus), le nom d'un Chien d'Actéon, Chien-grondant-aboyant;

CY-R-OUs, le nom du Soleil, chez les Perses, Chien-grondant-aboyant;

SY-Re, le nom de Dieu, chez les Perses, Chien grondant;

SI-R, le nom de Dieu, chez les Tschouwasches, Chien-grondant;

GI-R, le nom d'une Idole, chez les KAMtschadales, Chien-grondant;

GZEI-R, le nom de Dieu, chez un peuple d'Égypte, Chien-grondant;

Etc., etc.

Enfant adoptif de la Bretagne, Rozwall désire que je tire parti de ces faits en l'honneur du pays qui lui a donné l'hospitalité, faits dans lesquels il croit voir un puissant argument *à cane*, à l'appui de l'opinion déjà émise par quelques savants, que les fils de la vieille ARmorique sont les aînés des peuples.

En effet le mot Breton, KI, par sa briéveté et la multitude de mots importants dont il est la racine, est évidemment celui qui, plus que tout autre nom connu du Chien, paraît appartenir à une langue primitive.

En outre, la langue Bretonne est celle qui présente les mots, d'origine *canine*, les plus remarquables par leur simplicité native, et par leur analogie de signification tout en différant essentiellement entre eux. Tels sont les mots :

KUN, *chiens,* pluriel de **KI**;

HERR, *grondement du chien;*

AOUTROU (AOUT-R-OU), *imitation des cris du chien qui aboie et gronde à la fois;*

Ces trois mots Bretons signifient *seigneur*, *celui qui commande*.

Ce n'est pas tout. En Bretagne où le mot

YOUDAL signifie *hurler*,

IOU, est un nom vénéré qui s'applique à tous les ayeux au-delà de la troisième génération;

YAOU, est le nom de Jupiter, père des Dieux;

HYAOUL, est le nom du Soleil.

En Bretagne où

ARH se dit aussi du cri du chien,

TARH et K-OU-R-OUN (CURUN), signifient *tonnerre*, d'après le père Grégoire;

LOAR, est le nom de la Lune.

J'ajouterai encore avec le père Grégoire dans la préface de son Dictionnaire Breton, que « le langage » Celtique s'est aussi conservé chez les Gallois, » autrement dits Cymbres-Walles (CYM-BREs-» OUALLES, *chiens grondant-aboyant*), dans la » partie occidentale de la Grande-Bretagne. »

Je termine par la citation de quelques faits que j'ai connus trop tard pour les mettre au lieu qu'ils devraient occuper, les pages qui précèdent étant déjà livrées à l'impression.

« Chez certains peuples de Guinée, le prêtre après » avoir fait les conjurations ordinaires lorsqu'il con-» sulte les oracles, jette les yeux sur un *Chien noir* » *regardé comme le diable*, et qui est censé lui » répondre. » (*Dictionnaire de la Fable*, *par F. Noël*, *article* ORACLE).

Ce fait ne consacre-t-il pas l'étymologie *canine* du mot *Sibylle* (KI-ϛουλη, CHIEN-CONSEIL)?

« Lorsque les Ostiaques veulent honorer leurs

» idoles et leur adresser des prières, *ils contrefont* » *le ton de ceux qui appellent des Chiens.* » (*Extrait des Voyages de Corneille le Bruyn.*)

Cet auteur dit ailleurs :

« Le Tartare de la Sibérie, lorsque son Chien » meurt, fait faire à son honneur une petite cabane » de bois, élevée d'une brasse, sur quatre piliers, » dans laquelle il le pose, l'y laissant tant qu'elle » dure. »

« Les Persans ont une grande vénération pour » le Chien des SEPT DORMANTS qui, disent-ils, les » accompagna au Paradis. Ils ne manquent jamais » d'écrire son nom trois fois près du cachet de leurs » lettres, croyant que Dieu lui a confié la garde » spéciale des lettres et des effets des voyageurs ; ils » l'appellent KRATIM ou KATMIR. » (*Dictionnaire de la Fable de F. Noël*).

« Les Chinois rendent une espèce de culte au » DRAGON. Ils le regardent comme l'auteur et le prin- » cipe de leur bonheur ; ils s'imaginent qu'il dispose » des saisons, et fait à son gré tomber la pluie et » *gronder le tonnerre.* Ils sont persuadés que tous

» les biens de la terre ont été confiés à sa garde. » (*Dict. de la Fable, de F. Noël*).

Le plus ancien Dragon dont le souvenir soit resté dans les traditions Chinoises, s'appelait KI-LIN; la lettre L étant celle qui, au dire de Court de Gébelin, a remplacé la lettre R que les Chinois se gardent de prononcer, il en résulte que KI-LIN équivaut à KI-RIN, CHIEN GRONDANT.

Tous ces Dragons de la Fable, faisant office de gardiens, *vomissant des flammes*, n'appartiendraient-ils pas aussi au genre Chien; n'auraient-ils pas été inventés à l'image du DIEU-CHIEN lançant la foudre?

« KIOSÈ, en Langue Turque, signifie un animal » qui marche à la tête du troupeau, étant le guide » des autres; *c'est le nom de la sultane favorite*. » (*Voyages de Piétro della Valle, vol.* I).

Ce mot (K-IOSÈ) me donne à penser que le plus ancien nom connu du Chien, KI, est composé de K, *nom des êtres forts et puissants*, et de I, premier son que le Chien fait entendre lorsqu'il pousse son hurlement, IÔH, IOU, et qu'il signifie ÊTRE HURLANT.

Je suis confirmé dans cette opinion par la découverte que je viens de faire à l'instant dans le second voyage de Cook, du nom du Chien,

OO-REE, aux Iles de la Société, *aboyant-grondant*,

GH-OO-REE, aux Iles des Amis et à la Nouvelle-Zélande, *Être-aboyant-grondant.* Le trait qui sépara *gh* de *oòree* existe dans le texte.

Je conclus de là que les noms du chien :

K-*uon*, en Grec,

CA-*o*, en Portugais,

G-*uaca*, à l'île de Savu (Cook),

T-*eoua*, chez les Chilois (Cook),

K-*ouli*, à l'île des Amis (la Billardière),

K-*uen*, chez les Chinois,

Etc., etc.,

ont signifié primitivement *être disant* OU, OUA, *aboyant.*

En considérant que le signe I, appelé IO*ta* par les Grecs, est l'abréviation, dans le mot KI, du hurlement des Chiens, IOH, nom de la Lune, du Soleil et de l'Être suprême, chez les anciens, je comprends pourquoi ce signe était devenu *la lettre symbolique de l'astre du jour.*

Les voyages de COOK, d'ET. MARCHAND, de la Frégate la BOUDEUSE, de J. PACHO, que je viens de parcourir à la hâte, me fournissent quelques mots dont l'origine est trop canine pour que je ne les ajoute pas à mon vocabulaire :

OURROO, *la Lune,* à l'Ile de Savu;

AR-AO, *le Soleil*, chez les Tagalas;

K-ERE, *le Ciel,* à la Nouvelle-Hollande;

ERAE, *le Ciel,* aux Iles de la Société;

EAREE, *Roi, Chef,* aux Iles de la Société;

(On vient de voir que dans ces Iles, OOREE est le nom du Chien).

EAHOU, *le Soleil,* à Wahitaho;

OUMA-TI, *la Lune*, à Wahitaho;

T-OHOUA, *le Ciel,* à Wahitaho;

T-AOUNALA, *Dieu,* chez les Malais;

T-EOUA, *le Chien,* au Chili;

T-AOUA, le mois d'AOUT, à Taïti.

Je suis curieux de savoir si les Étymologistes persisteront à tirer le nom du mois d'*août,* de celui de l'empereur CÉSAR AUGUSTE (AOU*guste*) à qui ce mois, dit-on, avait été consacré.

C'est ici le lieu de rappeler le plus ancien et le plus célèbre des noms du Dieu-Chien Mercure, T-HAOUT (Thaut) chez les Égyptiens, chez les Gaulois, etc.

Les Gaulois (*GAOUlois*, *JAOUlois*, *IAOUlois*) se glorifiaient de descendre de ce dieu Thaut.

Un autre de leurs dieux, Hesus ou Hesius (HesIOUs) que les uns disent être également Mercure, et les autres, Mars, était représenté avec une *tête de Chien*, s'il faut en croire Mercator, ainsi qu'il est rapporté dans le Dictionnaire des Termes du Vieux Français ou Trésor de Recherches et Antiquités Gauloises et Françaises, ouvrage qui est à la suite du Dictionnaire Étymologique de la Langue Française, par M. Ménage, *article* Hesius, *éd. de* 1750.

Ne serait-ce pas encore Thaut, le Dieu-Chien Mercure, que les peuples du Nord adorèrent avant Odin, sous le nom de Thor,

T-HO-R, autrement nommé AOU-KA-T-HO-R ?

T-AOU (Tau) est le nom d'une clef mystérieuse, représentée par le signe T, que les statues des dieux et les prêtres d'Égypte tenaient habituellement à la main. « A l'égard de la Divinité, cette clef marquait » que les dogmes qui concernaient sa personne et » ses mystères, avaient un sens caché; à l'égard des » prêtres, elle voulait dire qu'eux seuls connaissaient » et pouvaient donner l'intelligence de ces dogmes » énigmatiques. » Cette explication que je trouve dans l'auteur de la Religion des Gaulois, paraît vraisemblable.

Il serait bizarre que le nom de cette clef symbolique fût lui-même l'explication des mystères qu'elle représentait; que T-AOU signifiât *clef d'*AOU, clef des voix célestes, de la note divine à laquelle semblent se rattacher les principales allégories de l'Idolâtrie Égyptienne!

el-OOA, *le Soleil*, aux Iles des Amis;
AYOU-R, *la Lune*, à Audjelah, en Arabie;
ERA OUAO, *Soleil levant*, à Taïti;
ERA OUOPO, *Soleil couchant*, à Taïti.

Je ferai remarquer le rapport de ce nom du Soleil couchant, ERAOUOPO, avec le nom de la contrée où le soleil se couche, l'EUROPE.

ERA OUAWAteA, *Soleil à midi*, à Taïti;

ERA MAHANANA, *Soleil à midi*, aux îles de la Société

Ces noms du Soleil dans toute sa force représentent évidemment les sons d'un aboiement prolongé, puissant, *ouawawawa.* Cet emprunt manifeste aux accents prolongés du Chien, se voit encore dans les mots :

YAOUAHOA, *le dieu du mal*, à la Guyane;

WALHALLA, séjour des WALKY-RIES, paradis des Scandinaves.

Les L qui séparent les A dans ce dernier mot, n'ont eu probablement d'autre destination primitive que d'en faciliter la prononciation.

Ne serait-ce pas à ce mot WALHALLA, *palais de Dieu*, se prononçant *oualhalla*, que les Mahométans auraient emprunté ces deux mots sacrés HOU et ALLAH qui l'un et l'autre signifient *Dieu*, dans leur langage, « et qu'ils réunissent pour chanter ses louanges, les uns criant, HOU, et les autres ALLAH ? » (*Voyages de Pietro della Valle, tome* I).

J'ai connu trop tard aussi, malheureusement, les

vocabulaires, publiés par M. Dumont d'Urville, des langues parlées à Madagascar et dans les îles principales de l'Océanie. Les intonations canines y dominent avec une évidence telle, que ces langues pourraient à juste titre s'appeler *Langues du Chien*.

Je me bornerai à citer les noms du Chien, du Soleil, de la Lune, de la Divinité et de ses attributs, et quelques autres mots en petit nombre:

KIVA et AmBOUA, *chien*, à Madagascar;
KAldle, *chien*, au Golfe Saint-Vincent;
TAlER, *chien*, à la baie Jarvis;
GAlagOU, *chien*, à Gouaham;
K-OUli, *chien*, à Viti;
K-OUdi, *jeune chien*, à Mawi;
K-OURi, *chien*, à Tikopia;
G-OUli, *chien*, à Tonga;
P-OUl, *chien*, au Hâvre-Carteret;
T-OURt, *chien*, au port du Roi-Georges;
M-OUKRA, *chien*, au port d'Alrymple;
P-ERO, *chien*, à Mawi;
IARRI, *cri du chien*, à l'Ile Satawal;
IOUAnn, *cri du chien*, au Hâvre-Carteret;
HOAnkOA, *cri du chien*, à Madagascar;

OUOU, *mordre,* à Tonga;

T-OULOULOU, *l'Étoile du Chien*, à l'île Satawal;

HOULOU*, tonnerre*, à Gouaham;

IELOULOU, *tonnerre*, à Vanikoro;

KADADOU, *tonnerre,* à Waigiou;

K-OUDOUDOU, *tonnerre en mer*, à Madagascar;

WARATCH, *tonnerre,* à Madagascar;

TAN KAR, *tonnerre*, à Harfours de Manado;

OUIRA*, éclair*, à Mawi;

WEROUER, *éclair*, à l'Ile Satawal;

KILAP, *éclair,* à Harfours de Manado;

KIAT, *soleil*, au port du Roi Georges;

SIENDO, *soleil*, à Harfours de Manado;

SINHA, *soleil*, à Viti;

KAKER, *la lune*, au Golfe Saint-Vincent;

KALAN, *la lune,* au Hâvre-Carteret;

KAMISS, *le soleil,* au Hâvre-Carteret;

KANAN, *le diable*, à la baie Jervis;

KA-OUA-TEA, *le soleil à midi*, à Mawi;

KALOU, *Dieu,* à Viti;

TA-HOUAOUANN, *la lune*, à la Baie Jervis;

KOUKOU, *ange,* à Madagascar;

AtOUA, *l'Être suprême,* à Mawi;

HOUtOUA, *Dieu*, à Tonga;

AttOUlA, *la lune,* à Viti;

meIÖ, *Dieu*, au Golfe Saint-Vincent;

OUOIA, *le soleil*, à Vanikoro;

HOUAt, *le soleil*, à Ualan;

IAlOUssOU, *Dieu*, à l'Ile Satawal;

AkOUA, *Dieu,* à Hawai;

AtOUOl, *le soleil*, à l'Ile Guèbe;

AtOUA pARI-KI, *le diable*, à Tikopia;

Tan HAROA*, Dieu*, à Tikopia;

massou an ROU, *le soleil*, à Madagascar (massou signifie *œil)*;

O-RE, *le soleil*, à la Baie-Jervis;

O-RI*, le soleil,* à Port-Dorée;

AzOHORO, *la lune*, à Madagascar;

zAAnHAR, *l'Être suprême*, à Madagascar;

RA, *le soleil*, à Mawi;

RA, *le soleil,* à Hawai;

tERA, *le soleil,* à Tikopia;

mARAmA, *la lune,* à Tikopia;

mARRE, *le ciel,* au Port du Roi Georges;

IRA, *Roi*, à la Baie Jervis;

RA, RAH, *être, objet, créature, monsieur*, *le*,

la, *les*, *sang*, *père*, *origine*, *lignée*, *enfant*, *chose*, à Madagascar.

ARI-KI, *prêtre*, à Mawi;

HER, *force, vigueur, véhémence*, à Madagascar;

HOU, *chef suprême*, *prier*, *invoquer*, à Tonga;

IOUK, *tête*, au Golfe Saint-Vincent;

HOUlOU, *tête*, à Gouaham;

el–OURA, *tête*, au port d'Alrymple;

TOU–RAN, *chef*, à Viti;

ma–tOUA, *père, mère*, à Mawi;

tAOUA, *combat*, à Mawi;

pOURA, *prière*, à Mawi;

bOUROUAR, *parler*, au Hâvre-Carteret;

pARAAOU, *parler*, à Taïti;

CANE, *parler*, au port d'Alrymple;

CANE OUedigda, *chanter*, au port d'Alrymple, c'est-à-dire, *parler* OU, *la langue du chien*, *le chant par excellence*;

pOUAREkOU, *chanter*, à l'Ile Satawal;

fARARA, *trompette*, à Madagascar;

HER-AOU, *instrument de musique*, à Madagascar;

bOUAHAHAHA! *cri d'admiration*, à Ualan.

Quelle est la figure sous laquelle est adoré l'Être suprême dans ces contrées où les intonations ***To-nitruo-Canines*** sont en si grande vénération? On en voit la représentation au tome III, page **219**, du voyage de M. Dumond d'Urville? (***Figure*** XXII).

« ***C'est***, dit-il d'après Savage, ***une bouche énorme qu'un être bizarre soutient avec ses mains,*** » la présentant aux hommages des fidèles. Ne puis-je pas me permettre d'appeler cette bouche, ***une gueule?***

ATOUA et **TAOU-RI-KI**, sont les noms de ce ***Dieu-Gueule*** de la Nouvelle-Zélande.

Quel rapport avec tous ces monstres, à gueule également béante, dont les traditions populaires ont conservé un vague souvenir dans la plupart de nos villes de France où le dieu **THAOUT** était adoré, souvenir qui s'est perpétué par des monuments qui existent encore et parmi lesquels je citerai la ***Grand'gueule*** de Poitiers!

L'attitude menaçante de ces monstres a donné lieu à des fables absurdes dans lesquelles on les représente se repaissant de chair humaine, ravageant toute une contrée, toujours doués du don de la parole et d'un pouvoir surnaturel. Toutes ces gueules formidables n'auraient-elles pas été faites à l'instar de celle du DIEU-CHIEN TONNANT, ABOYANT? Ne pourrait-on pas y voir une nouvelle preuve du respect des peuples pour LA VOIX DE DIEU?

La déification d'un être carnivore n'explique-t-elle pas rationnellement cet ancien usage d'offrir des victimes sanglantes à l'appétit des dieux?

M. d'Urville rapporte qu'il est défendu de *siffler* à Tonga, cette action, dit-il, *étant regardée comme irrespectueuse envers les dieux*.

Cette proscription du sifflet et l'inspection du vocabulaire de Tonga où la lettre R paraît également proscrite, puisqu'elle ne figure dans aucun des deux mille mots que contient ce vocabulaire, confirment l'opinion que j'ai émise pour motiver l'absence de cette lettre dans la langue Chinoise. Je me trompe cependant..... Je viens de découvrir un mot du vocabulaire de Tonga, un seul, dans lequel se trouve la lettre R. Ce mot, *c'est le nom du tonnerre,* FATOURI!

Mais on peut croire que les habitants de Tonga ne le prononcent même pas, car le tonnerre porte chez eux un autre nom, *mana*. Ce dernier est le seul qui figure au vocabulaire Tonga-Français; celui de *Fatouri* ne se voit qu'au vocabulaire Français-Tonga, après le mot de *mana*.

Je ne crois pas que les Grammairiens aient remarqué un des emplois les plus importants de cette lettre canine R, son affectation spéciale à la désignation de l'infinitif qui est le verbe par excellence, c'est-à-dire *l'action*, *le mouvement*. La terminaison R de l'infinitif remplace évidemment le verbe *faire* (*F. R.*).

CHICANER (CHI-CAN-ER), *faire* chant de chiens;
JOUER (IOU-ER), *faire* IOU;
AMASSER (AMASS-ER), *faire* amas;
Etc., etc.

A Tonga où le son R est inusité, où les intonations canines OU, WA, sont celles qui paraissent être principalement honorées, puisque le Tonnerre s'y nomme habituellement *mAnA*, le Soleil, *lAA*, la

Lune, *mAhinA,* Dieu, *HOUTOUA*, ce sont ces intonations qui remplacent le son R.

Roi s'y dit *HOOU*;
moRdRe, *OUOU*;
faiRe (*F-R*), *faka* (*F-AKA*);
amassER, *faka tou ;*
jouER, *faka houa;*
chicanER, *faka guiguihi ;*
Etc., etc.

Le son I prolongé, redoublé, représente admirablement le cri de douleur de la race canine, et la douleur est le résultat infaillible de toute chicane pour l'une des parties, et souvent pour les deux, à quelque race qu'elles appartiennent.

L'intonation canine I précédant l'intonation canine R, IR, n'aurait-elle pas donné naissance aux mots :
IRe, *colère*, en vieux français,
IRonie, IR-religieux, IR-respectueux, etc.,
haIR, etc.,
IRmin, divinité guerrière des anciens Saxons,
Etc., etc. ?

Le son I *prolongé*, remarquable dans le ***SI***fflement du serpent, ne motive-t-il pas la ***diabolisation*** de ce reptile cruel, irascible, venimeux, qui, conjointement avec le Chien, a peut-être fourni le ***si*** à l'art musical; à qui la lettre S qui commence son nom a certainement emprunté sa forme, et dont le dard triangulaire a été reproduit par le fer des piques et des flèches empoisonnées?

A la Nouvelle-Galles du Sud, lorsque les jeunes gens passent à l'état d'hommes, l'usage est de pratiquer certaines cérémonies. Collins fut témoin d'une de ces scènes que M. d'Urville raconte ainsi, d'après ce voyageur :

« Les jeunes gens étaient assis au haut du *you-*
» *lang* (lieu consacré) tandis que les acteurs dé-
» filaient plusieurs fois la parade autour de ce terrain,
» ***en courant à quatre pattes et imitant l'allure***
» ***de leurs chiens.*** Leur costume était conforme à
» ce but, l'épée de bois qu'ils portent autour du
» corps ne figurant pas mal la queue de cet animal,
» tandis qu'ils marchaient à quatre pattes. »
(*Fig.* XXIII *d'après M. d'Urville*).

L'arme de combat des habitants de cette contrée s'appelle *woum-era*.

« Jacques Gronovius prétend que le mot grec *kyni* qui signifie *un casque,* vient de ce qu'anciennement les casques étaient faits de la peau d'une tête de chien. » (*Dictionnaire des Origines, de F. Noël, article* Casque). HERme, AIOUme, AOUqueton sont les noms du casque, en vieux français.

» Chenets de foyer, par corruption pour *chiennets,* à cause qu'on les faisait anciennement en façon de chiens : ce sont les gardes du feu, les dieux Lares. » (*Dictionnaire des Origines, de F. Noël, article* Chenet).

Cet auteur rapporte, *article* Sire, que SEIR est un vieux mot Gaulois qui signifiait *le soleil.* On se souvient que c'est le nom du Chien, à Méroé.

Les environs du lac des Issati sont habités par » les Chongasketon, ou la nation du Chien ou du » Loup, car le mot de *chonga,* chez ces peuples, » signifie *un Chien* ou *un Loup.* » (*Garcilasso de la Vega*, *tome* II).

« Les CHIPIOUYANS, peuplade sauvage qui habite » l'intérieur de l'Amérique septentrionale, *se disent » descendus d'un Chien.* » (*Dictionnaire de la Fable, de F. Noël, article* COSMOGONIE.)

« PLINE, L. VII, C. 2. — AULU-GELLE, L. IX, » C. 4. — SOLIN, C. 52, disent, d'après MÉGASTHÈNE, » que dans plusieurs montagnes de l'Inde et de » l'Éthiopie, il y a des nations qui ont la tête d'un » Chien : SAINT-AUGUSTIN, le dit aussi. Ils ajoutent » que ces hommes aboyaient comme des Chiens, » qu'ils étaient farouches, et que leur morsure était » dangereuse. » (*Dictionnaire de Trévoux, art.* CYNOCÉPHALE.)

Le fait suivant est extrait de l'Histoire de l'Académie des Sciences, *année* 1715, *édition de* 1741. *Paris, page* 3.

« Sans un garant tel que M. Leibnitz, témoin » oculaire, nous n'aurions pas la hardiesse de rap- » porter qu'auprès de Zeitz, dans la Misnie, *il y a un » Chien qui PARLE...* Encore une fois, M. Leibnitz » l'a vu et entendu. »

J'ai dit !... Que d'autres achèvent et concluent !...

Les hommes sérieux me reprocheront sans doute, et ils auront raison, d'avoir traité ces matières sur un ton de plaisanterie qu'elles ne comportent pas; je leur en fais mes excuses. Étranger à l'art d'écrire, effrayé, en quelque sorte, de la gravité et de la nouveauté des choses que j'avais à raconter, méfiant en mon érudition toute récente, j'ai cru échapper aux dangers que je pressentais, en conservant mes allures d'écolier.

D'autres, quelques gens sensés, diront peut-être en hochant la tête : bah! il n'y a qu'un Chien qui ait pu savoir tout cela..... Je ne dis ni oui ni non..... Mais, en tout cas, on conviendra qu'il peut y avoir tel Chien dont les ayeux, sans compter parmi eux le GRAND CAI OUVASSOU, *à face pourpre*, ni le Roi des Ptoemphanes, ni le père des CHIPIOUYANS, ni même le KUEN contemporain du Déluge, portèrent la tête plus haute que ceux de tels Ducs et Pairs d'aujourd'hui.

FIN.

TABLE DES CHAPITRES.

BIBLIOTHEQUE ROYALE
I

BIBLIOTHEQUE NATIONALE DE FRANCE
3 7531 04114114 5

www.ingramcontent.com/pod-product-compliance
Ingram Content Group UK Ltd.
Pitfield, Milton Keynes, MK11 3LW, UK
UKHW021905260726
13966UKWH00006B/685